U0168878

10天学会 Excel 数据分析

宋翔 编著

中国电力出版社
CHINA ELECTRIC POWER PRESS

内 容 提 要

编写本书的目的是使读者可以在最短时间内掌握 Excel 数据分析。本书以数据分析的整体流程和知识难易度来安排各章内容及其在全书中的次序，每一章内容都紧密围绕数据分析展开。全书共 10 章，每天学习一章，10 天就能学会 Excel 中的大多数数据分析工具的用法和技巧。

本书的主要内容包括数据分析的基本概念和流程、Excel 中的数据分析工具的功能和特点、导入外部数据和输入不同类型的数据、修复有问题的数据、设置数据格式、排序、筛选、分类汇总、数据透视表、公式和函数基础知识、提取和格式化文本、汇总和统计数据、计算日期、模拟分析、单变量求解、规划求解、分析工具库、图表的基本概念和基础操作、创建不同类型的图表、导入和刷新数据、使用 Power Query 编辑器整理数据、使用 Power Pivot 创建数据模型、创建计算列和度量值、销售分析和客户分析等。

本书适合所有想要学习使用 Excel 进行数据分析的用户阅读，也可作为各类院校和培训班的 Excel 数据分析教材。

图书在版编目（CIP）数据

10 天学会 Excel 数据分析/宋翔编著. —北京：中国电力出版社，2024.5
ISBN 978-7-5198-8776-6

Ⅰ．①1… Ⅱ．①宋… Ⅲ．①表处理软件 Ⅳ．①TP391.13

中国国家版本馆 CIP 数据核字（2024）第 067975 号

出版发行：中国电力出版社
地　　址：北京市东城区北京站西街 19 号（邮政编码 100005）
网　　址：http://www.cepp.sgcc.com.cn
责任编辑：刘　炽（linchi1030@163.com）
责任校对：黄　蓓　张晨荻
装帧设计：王红柳
责任印制：杨晓东

印　　刷：三河市万龙印装有限公司
版　　次：2024 年 5 月第一版
印　　次：2024 年 5 月北京第一次印刷
开　　本：710 毫米×1000 毫米　16 开本
印　　张：18
字　　数：268 千字
定　　价：68.00 元

前　言

编写本书的目的是使读者可以在最短时间内掌握 Excel 数据分析。本书以数据分析的整体流程和知识难易度来安排各章内容及其在全书中的次序，每一章内容都紧密围绕数据分析展开。全书共 10 章，每天学习一章，10 天就能学会 Excel 中的大多数数据分析工具的用法和技巧。本书各章内容的简介如下：

第 1 章介绍数据分析的一些背景知识，包括数据分析的几种方式、常用的数据分析模型、数据分析方法和数据分析的基本流程。本章还将概括性地介绍 Excel 提供的各种分析工具。

第 2 章介绍将其他程序创建的数据导入 Excel，以及在 Excel 中输入新数据的方法。

第 3 章介绍整理数据的方法，包括修复数据和调整格式两个方面。

第 4 章介绍对数据进行排序、筛选和分类汇总的方法。

第 5 章介绍创建和设置数据透视表，以及多角度透视数据的方法。

第 6 章介绍公式和函数的基础知识和基本操作，以及文本函数、数学函数、统计函数、日期函数在实际中的应用。

第 7 章介绍使用模拟分析、单变量求解、规划求解和分析工具库等工具分析数据的方法。

第 8 章介绍创建和编辑图表的基本操作，以及创建不同类型图表的方法。

第 9 章介绍在 Excel 中使用 Power Query 和 Power Pivot 分析数据的方法。

第 10 章介绍公式和函数、数据透视表和图表在销售分析和客户分析中的应用。

为了使全书内容更专注于数据分析，本书假定读者已经掌握 Excel 基础操作，包括 Excel 工作簿和工作表的基本操作、选择单元格和单元格区域、打开【Excel 选项】对话框的方法等，所以这些内容不会出现在本书中。

本书适合所有想要快速掌握 Excel 和 Power BI 数据分析的用户。

作者为本书建立了读者 QQ 群，群号是：812419078，加群时请注明"读者"以验证身份。读者可以从群文件中下载本书的配套资源，如果在学习过程中遇到问题，也可以在群内与作者进行交流。

编著者

扫描二维码下载教学视频和案例文件

目录

目 录

目 录

目　录

目 录

目 录

目 录

目 录

作为本书的第1章，本章将简要介绍数据分析的一些背景知识，包括数据分析的几种方式、常用的数据分析模型、数据分析方法和数据分析的基本流程。本章还将概括性地介绍 Excel 提供的各种分析工具，本书后续章节会详细介绍这些工具的使用方法。

1.1 什么是数据分析

> 数据分析是通过对数据进行标识、清除、转换和建模，以便从繁杂的数据中挖掘出更多具有商业价值的有用信息，并以报表的形式将数据制作成故事，为商业决策提供关键支持。按照分析进展的顺序，可以将数据分析分为以下阶段。

1.1.1 描述性分析

描述性分析汇总大型数据集并向利益干系人说明汇总情况，根据历史数据指出发生了什么问题。通过开发 KPI（关键绩效指标），有助于跟踪关键目标的成功或失败情况。很多行业使用 ROI（投资回报率）等指标，一些行业还专门开发用于跟踪性能的指标。

1.1.2 诊断分析

诊断分析使用描述性分析的结果来发现问题发生的原因，是对描述性分析的补充。然后进一步调查绩效指标，从而发现这些问题变得更好或更差的原因。该过程可以分为以下步骤：

（1）确定数据中的异常，这些异常可能是指标或特定市场中发生的意外变化。

（2）收集与这些异常相关的数据。

（3）使用统计技术说明这些异常的关系和趋势。

1.1.3 预测分析

预测分析根据历史数据预测未来的趋势，以及它们是否可能重复出现。预测分析使用的技术包括各种统计和机器学习技术，例如回归、决策树和神经网络。

1.1.4 规范性分析

规范性分析能为决策者提供一些方法或措施，帮助决策者在面临不确定性因素时做出正确明智的决策，从而实现商业目标。规范性分析利用机器学习在商业数据中确定最佳模式，通过分析过去的决策和事件，可以估计不同结果的可能性。

1.1.5 认知分析

认知分析有助于了解当情况发生变化时可能会发生什么，以及如何处理这些情况。认知分析基于现有的数据、模式和知识库推断得出结果，并将得到的结果加入到知识库中，以便为将来的推断提供更多的依据和经验，形成一种自学习反馈循环。有效的认知分析由机器学习算法决定。

1.2 数据分析模型

数据分析模型为数据分析提供了框架结构方面的指导，让数据分析人员能够有条不紊的完成特定指标的分析工作。目前存在着数量非常多的数据分析模型，本节将介绍几种常见的数据分析模型。

1.2.1 5W2H 分析模型

5W2H 分析模型主要对用户行为、营销活动、业务问题等进行分析。5W2H 中的 5W 是指 Why（为什么）、What（什么事）、Who（谁）、When（什么时候）和

Where（什么地方），2H 是指 How（如何做）和 How much（什么价格）。下面是 5W2H 在分析用户购买行为时的用法：

◆ Why：用户为什么购买？产品的吸引力在哪儿？

◆ What：产品能提供什么功能？

◆ Who：用户群是什么？这个群体有什么特点？

◆ When：用户购买的频次是多少？

◆ Where：产品在哪儿销售出去的？在哪儿最受欢迎？

◆ How：用户如何购买？购买方式是什么？

◆ How much：用户购买的金钱成本是多少？时间成本是多少？

1.2.2　4P 分析模型

4P 是营销领域常用的分析模型，4P 是指 Product（产品）、Price（价格）、Place（渠道）和 Promotion（推广）。将产品、价格、渠道和推广四者完美融合，从而提高企业的市场份额，为企业带来更多的利润。

◆ **产品**：是指提供给市场、被人们使用和消费的任何东西。

◆ **价格**：是指人们购买产品时的价格，包括基本价格、折扣价格、支付期限等。影响价格主要有 3 个因素：成本、需求和竞争。

◆ **渠道**：是指产品从生产端到达用户端所经历的全过程涉及的各个环节。

◆ **推广**：是指企业通过改变销售方式来刺激并加大用户消费，广告、宣传推广、人员推销、销售促进是推广的几种主要方式。

1.2.3　SWOT 分析模型

SWOT 分析模型主要用于确定企业自身的内部优势、劣势和外部的机会和威胁等。SWOT 中的 S（strengths）是优势、W（weaknesses）是劣势，O（opportunities）是机会、T（threats）是威胁或风险。使用 SWOT 分析模型可以对研究对象所处的情景进行全面、系统、准确的研究，从而将公司的战略和公司内部资源、外部环境完美结合在一起。

1.2.4 PEST 分析模型

PEST 主要用于行业分析，从各个方面把握宏观环境的现状和变化趋势。PEST 是指 Politics（政治）、Economy（经济）、Society（社会）和 Technology（技术）。

◆ **政治环境**：包括政治体制、经济体制、财政政策、税收政策、产业政策、投资政策等。

◆ **经济环境**：包括 GDP 及增长率、进出口总额及增长率、利率、汇率、通货膨胀率、消费价格指数、居民可支配收入、失业率、劳动生产率等。

◆ **社会环境**：包括人口规模、性别比例、年龄结构、生活方式、购买习惯、城市特点等。

◆ **技术环境**：包括折旧和报废速度、技术更新和传播速度、技术商品化速度等。

1.2.5 波士顿分析模型

波士顿分析模型最开始用于时间管理，按照紧急、不紧急、重要、不重要排列组合分成四个象限，从而可以有效地管理时间。在市场营销中使用波士顿分析模型，可以合理搭配产品，优化产品组合，促进产品销售稳步增长并加大市场占有率，使企业利润最大化。可以将销售额和利润两个指标作为横、纵坐标轴分为四个象限，然后将产品分为以下类型：

◆ **明星类**：销售增长率和市场占有率都高，用户需求量大并且有很大发展空间的产品。

◆ **金牛类**：销售增长率低但是市场占有率高，收益大但是没有太大发展空间的产品。

◆ **问题类**：销售增长率高但是市场占有率低，用户需求量大但是可能存在问题的产品。

◆ **瘦狗类**：销售增长率和市场占有率都低，没有任何发展空间的失败产品。

1.2.6　漏斗分析模型

漏斗分析模型主要用于分析业务流程中各个环节的转化率，从而改善业务状况，提高利润。漏斗分析模型的一个常见应用场景是对顾客购物流程的分析，从顾客将商品加入购物车到成功完成订单交易，对整个流程中的每一步的转化率进行分析，通过异常的数据指标找出有问题的环节并解决问题，从而提升购买转化率，为企业带来更多的利润。

1.3　数据分析的基本流程

无论哪个应用领域，数据分析一般都遵循下面的基本流程：
准备数据→整理数据→建模数据→可视化数据→分析数据

1.3.1　准备数据

分析数据前要有数据，准备数据所花费的时间会随着数据量和复杂程度而增加。准备数据有两种方式：一种是手动输入数据，这种方式效率比较低。另一种是通过软件系统中的导出和导入功能自动获取数据，这种方式效率高，但是由于不同软件系统之间的兼容性问题，在导出的数据中可能存在格式或其他方面的错误。

1.3.2　整理数据

整理数据是决定最终能否得到正确和高可信度的分析结果的关键环节。由于人为和软件系统的各种不确定因素，很容易导致在原始数据中存在大量的问题，其中可能有一些难以察觉的错误。整理数据的目的就是发现并修复这些错误，包括转换数据、提取数据、拆分数据、合并数据等，为数据分析中的下一个环节做好准备。

1.3.3　建模数据

数据建模是为业务数据涉及的各个表之间创建关系，通过关系将各个表中的数据关联在一起。然后就可以定义新的计算指标来丰富数据，从而增强模型。创建有效的数据模型可以使报表传达的信息更准确，使用户可以更快更有效地了解和使用数据，并在以后更容易维护数据。

1.3.4 可视化数据

可视化数据是使繁杂的数据更易于被识别和理解的一种有效方式。可视化是一个笼统的概念，具体来说包括将数据绘图到图表中，在图表中选择合适的字体、配色并调整图表元素的大小等，无论进行哪方面的可视化设计，其目的都是为准确传递数据信息服务的。

1.3.5 分析数据

分析数据的目的是为了从繁杂的数据中提取出有价值的信息，最后形成有效的观点或结论，为企业做出更好的决策提供帮助。因此，分析数据是一个查找见解、识别模式和趋势、预测结果的过程，然后以所有人都能理解的方式传达分析结果。

1.4 Excel 中的数据分析工具

> Excel 内置了很多分析工具，使用它们可以对数据进行不同方面的分析。本节将按照工具类别对这些工具进行简要介绍，包括它们的功能和特点，以及如何在 Excel 中找到它们。

1.4.1 常规分析工具

Excel 中的常规分析工具包括排序、筛选、分类汇总和数据透视表，将它们称为"常规分析工具"是因为这些工具简单易用，使用率较高，即使不具备统计学方面的专业知识，也能轻松使用这些工具。

1. 排序

使用"排序"工具可以对数据按照升序、降序或自定义顺序进行排序，从而快

速了解数据的分布规律。例如，通过对产品销量进行降序排列，可以快速了解销量
最好和销量最差的是哪些产品。在常规数据区域和数据透视表中都可以使用"排序"
工具，该工具位于 Excel 功能区的【数据】选项卡中，如图 1-1 所示。

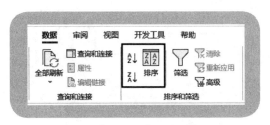

图 1-1　"排序"工具在功能区中的位置

2．筛选

使用"筛选"工具可以快速找出符合条件的数据。Excel 为不同类型的数据提
供了不同的筛选方式，所有类型的数据也有通用的筛选方式。可以在常规数据区域
和数据透视表中使用"筛选"工具，该工具位于 Excel 功能区的【数据】选项卡中，
如图 1-2 所示。

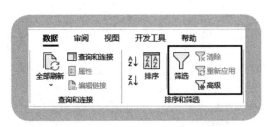

图 1-2　"筛选"工具在功能区中的位置

3．分类汇总

使用"分类汇总"工具可以对数据按照一个或多个类别进行分组，并对同组数
据进行汇总计算，例如求和、计数、求平均值、求最大值或最小值等。可以在常
规数据区域中使用"分类汇总"工具，该工具位于 Excel 功能区的【数据】选项卡
中，如图 1-3 所示。

4．数据透视表

使用"数据透视表"工具可以在不使用公式和函数的情况下快速汇总大量的数

据。"数据透视表"工具位于 Excel 功能区的【插入】选项卡中，如图 1-4 所示。创建数据透视表后，将在功能区中显示【数据透视表分析】和【设计】两个选项卡，其中的命令都与数据透视表有关，如图 1-5 所示。

图 1-3 "分类汇总"工具在功能区中的位置

图 1-4 "数据透视表"工具在功能区中的位置

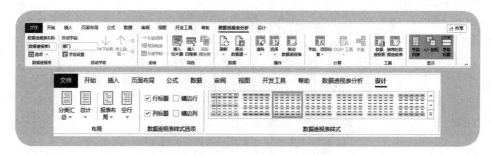

图 1-5 创建数据透视表后与其有关的命令

1.4.2 高级分析工具

Excel 中的高级分析工具包括模拟分析、单变量求解、规划求解和分析工具库。与常规分析工具相比，高级分析工具具有更强的针对性，有些工具需要用户具备统计学知识才能使用。

1．模拟分析

使用"模拟分析"工具可以基于现有的计算模型，对影响最终结果的多种因素进行预测和分析，以便得到最接近目标的方案。"模拟分析"工具位于 Excel 功能区的【数据】选项卡中，如图 1-6 所示。

图 1-6 "模拟分析"工具在功能区中的位置

2．单变量求解

使用"单变量求解"工具可以对数据进行与模拟分析相反方向的分析。"单变量求解"工具位于 Excel 功能区的【数据】选项卡中，如图 1-7 所示。

图 1-7 "单变量求解"工具在功能区中的位置

3．规划求解

使用"规划求解"工具可以为可变的多个值设置约束条件，通过不断调整这些可变的值来得到想要的结果。在经营决策、生产管理等需要对资源、产品进行合理规划时，可以使用"规划求解"工具获得最佳的经济效果，例如利润最大、产量最高、成本最小等。

"规划求解"工具位于 Excel 功能区的【数据】选项卡中，如图 1-8 所示。使用该工具前需要先安装"规划求解"加载项。

4．分析工具库

使用"分析工具库"工具可以对数据进行统计分析、工程计算等，并在输出表中显示分析结果，一些工具还会创建图表。"分析工具库"工具位于 Excel 功能区的【数据】选项卡中，如图 1-9 所示。使用该工具前需要先安装"分析工具库"加载项。

图 1-8 "规划求解"工具在功能区中的位置

图 1-9 "分析工具库"工具在功能区中的位置

1.4.3 公式和函数

公式和函数是 Excel 中所有与计算相关的核心技术。Excel 内置了几百个函数，用于完成不同类型和领域的计算任务。与前面介绍的其他几类分析工具相比，公式和函数入门容易，熟练运用较难。对于大多数用户来说，很容易掌握公式和函数的基本操作和简单计算，对于数组公式或需要使用多个函数组合运用的复杂公式，通常需要长时间的练习才能掌握。

1.4.4 可视化工具

图表是 Excel 中用于展示数据的有用工具，它可以将数据以特定尺寸的线条和形状绘制出来，从而直观反映数据的含义。Excel 中的每种图表类型包含一个或多个子类型，不同类型的图表适用于不同结构的数据，为数据提供了不同的展示方式。

"图表"工具位于 Excel 功能区的【插入】选项卡中，如图 1-10 所示。

创建图表后，将在功能区中显示【图表设计】和【格式】两个选项卡，其中的命令都与图表有关，如图 1-11 所示。

图 1-10　"图表"工具在功能区中的位置

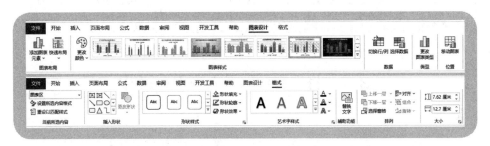

图 1-11　创建图表后与其有关的命令

1.4.5　商业智能分析工具

如今有很多用于对商业数据进行分析的功能，此处所说的该类工具指的是微软公司开发的 Power BI，该工具在 Excel 中的名称是 Power BI for Excel。通过在 Excel 中安装几个名称以 Power 开头的加载项，即可在 Excel 中使用 Power BI 功能分析数据，包括数据的导入、整理、建模和可视化等。

Power BI 与 Excel 最大的不同之处在于，使用 Power BI 可以在多个表之间创建关系，然后就可以同时处理这些表中的数据了，就好像所有数据都位于同一个表中。Power BI 的这项功能与微软的 Access 处理数据库中的多个表的方式类似。

第 2 章
准备数据

在开始数据分析之前要有数据。在 Excel 中可以使用多种方法创建数据，可以将其他程序创建的数据导入到 Excel 中，也可以在 Excel 中从头开始输入新的数据。本章将介绍在 Excel 中创建数据的方法。

2.1　将现有数据导入到 Excel 中

如果要分析的数据保存在由其他程序创建的文件中，则可以将这些文件中的数据导入到 Excel 中，例如文本文件、Access 数据库、SQL Server 数据库等，如需查看可以在 Excel 中导入的数据类型，可以在功能区的【数据】选项卡中单击【获取数据】按钮。导入到 Excel 中的数据自动保持与源文件中数据的连接状态，如果修改源文件中的数据，则可以在 Excel 中通过刷新操作，使用源文件中最新修改的数据替换 Excel 中的数据。

2.1.1　导入文本文件中的数据

在 Excel 中导入文本文件中的数据的操作步骤如下：

（1）在 Excel 中打开或新建一个工作簿，然后在功能区的【数据】选项卡中单击【从文本/CSV】按钮，如图 2-1 所示。

图 2-1　单击【从文本/CSV】按钮

【从文本/CSV】按钮的名称在 Excel 不同版本中可能有所不同。

（2）打开如图 2-2 所示的对话框，双击要导入的文本文件。

图 2-2　双击要导入的文本文件

（3）打开如图 2-3 所示的对话框，其中显示文本文件中的数据的预览效果，使用上方的选项可以设置文本文件中数据的编码格式、各列数据之间使用的分隔符。只有选择正确的分隔符，文本文件中的多列数据才会被正确分开。

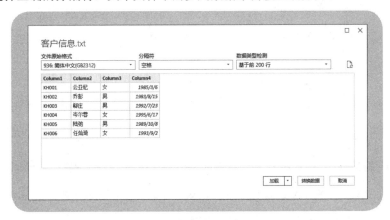

图 2-3　预览文本文件中的数据

（4）单击【加载】按钮，将在当前工作簿中自动创建一个新的工作表，并将文本文件中的数据导入到该工作表中，如图 2-4 所示。可以手动在第一行为各列输入标题。

	A	B	C	D
1	Column1	Column2	Column3	Column4
2	KH001	云亚妃	女	1985/3/6
3	KH002	乔彭	男	1983/8/15
4	KH003	郗庄	男	1992/7/23
5	KH004	岑尔蓉	女	1995/6/17
6	KH005	陆弛	男	1989/10/8
7	KH006	任灿琦	女	1993/9/2

图 2-4　导入文本文件中的数据

2.1.2　导入 Access 数据库中的数据

在 Excel 中导入 Access 数据库中的数据的操作步骤如下：

（1）在 Excel 中打开或新建一个工作簿，然后在功能区的【数据】选项卡中单击【获取数据】按钮，在弹出的菜单中选择【来自数据库】→【从 Microsoft Access 数据库】命令，如图 2-5 所示。

图 2-5　选择【从 Microsoft Access 数据库】命令

（2）在打开的对话框中双击要导入的 Access 数据库文件，将打开如图 2-6 所示的对话框，单击左侧的 Access 数据库中的表，在右侧显示该表中的数据。如需选择多个表，可以在左侧选中【选择多项】复选框。

图 2-6　预览 Access 表中的数据

（3）单击【加载】按钮，将在当前工作簿中自动创建一个新的工作表，并将上一步选择的 Access 表中的数据导入到该工作表中。由于 Access 表中的数据通常包含标题，所以导入 Excel 后的数据也会显示标题。

2.1.3　导入 SQL Server 数据库中的数据

在 Excel 中导入 SQL Server 数据库中的数据的操作过程与前两种稍有不同，主要区别在于，导入时不是选择某个文件，而是需要输入 SQL Server 的服务器和数据库的名称，操作步骤如下：

（1）在 Excel 中打开或新建一个工作簿，然后在功能区的【数据】选项卡中单击【获取数据】按钮，在弹出的菜单中选择【来自数据库】→【从 SQL Server 数据库】命令（请参考图 1-5）。

（2）打开如图 2-7 所示的对话框，输入 SQL Server 的服务器和数据库的名称，然后单击【确定】按钮。

（3）如果从未在 Excel 中连接指定的 SQL Server 服务器和数据库，则会显示身份验证信息，此时需要选择验证类型并输入用户名和密码，如图 2-8 所示。

（4）否则，将显示如图 2-9 所示的对话框，其中显示指定数据库中的表。在左侧选择要导入的表，然后单击【加载】按钮，即可将表中的数据导入到一个新建的工作表中。

图 2-7　输入 SQL Sserver 服务器和数据库的名称

图 2-8　输入身份验证信息

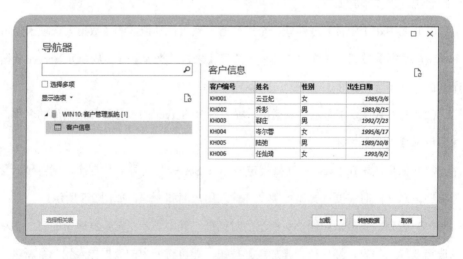

图 2-9　选择要导入的表

2.1.4 更新导入后的数据

无论导入哪种类型的数据，在 Excel 中都可以随时通过刷新操作，使其中的数据与源文件中的数据保持同步。只需在 Excel 中单击导入后的数据所在区域中的任意一个单元格，然后在功能区的【数据】选项卡中单击【全部刷新】按钮，如图 2-10 所示。

图 2-10 单击【全部刷新】按钮刷新数据

如需更改数据的刷新方式，可以单击【全部刷新】按钮上的下拉按钮，在弹出的菜单中选择【连接属性】命令，打开如图 2-11 所示的对话框，在【使用状况】选项卡中设置与刷新有关的选项。

图 2-11 设置数据的刷新方式

2.2 在 Excel 中输入数字

如果没有现成的数据，则可以在 Excel 中手动输入新数据。在 Excel 中可以输入数字、文本、日期和时间等不同类型的数据，本节将介绍输入数字的一些常用方法。

2.2.1 了解 Excel 中的数字

在 Excel 中可以输入任何有效的数字，包括整数、小数、百分数、货币、科学计数、正数、负数等。Excel 支持的最大正数约为 9E+307，最小正数约为 2E-308。在这两个数字的开头添加负号，得到的就是 Excel 支持的最大负数和最小负数。如果在 Excel 中输入超过 15 位的数字，则从第 16 位开始将自动变成 0，这意味着 Excel 只支持 15 位有效数字。

Excel 会根据用户在单元格中输入的数字自动做以下处理：

（1）如果数字的整数位超过了单元格的宽度，Excel 将加大单元格的宽度。

（2）如果数字的整数位超过 11 位，Excel 将以科学计数的形式显示该数字，Excel 中的科学计数符号是字母 E。

（3）如果数字的小数位超过了单元格的宽度，Excel 将对超出宽度的第一个小数位上的数字四舍五入，并将其后的小数位数截去。例如，输入"1.23456789"可能会显示为"1.234568"。

（4）如果将数字输入到一对半角小括号中，Excel 将以不带括号的负数形式显示该数字，这是财会领域中的一种数字格式。

（5）如果小数的结尾是 0，Excel 将删除有效数字右侧所有的 0。

（6）在 Excel 中输入的数字默认在单元格中右对齐。

2.2.2 输入一系列自然数

如需输入一系列自然数，可以使用以下两种方法：

（1）在一列的两个相邻单元格中输入两个自然数（例如 1 和 2），选择这两个单元格，然后将鼠标指针移动到第二个单元格右下角的填充柄上，当鼠标指针变成十字形时，向下拖动填充柄，在拖动过的单元格中会自动填入 3、4、5 等连续的数字，如图 2-12 所示。

（2）在一个单元格中输入一个自然数，按住 Ctrl 键的同时向下拖动该单元格右下角的填充柄，将在拖动过的单元格中填入连续的数字。

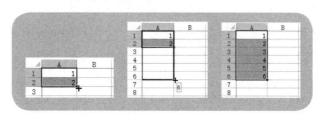

图 2-12　拖动填充柄

使用上面两种方法时有以下几点补充说明：

（1）在一行的单元格中输入一系列自然数时，也同样可以使用上面两种方法。

（2）如果使用第二种方法时不按住 Ctrl 键，则将在拖动过的单元格中填入相同数字。

（3）使用第一种方法时，可以在单元格中输入任意两个数字，Excel 会根据它们的差值，自动判断在拖动过的单元格中填入什么数字。例如，如果输入的起始数字是 1 和 3，则在拖动过的单元格中将填入 5、7、9 等以 2 为递增量的数字。如果输入的两个数字中，第二个数字大于第一个数字，例如 3 和 1，则将在拖动过的单元格中输入以-2 为递增量的一系列数字，即-1、-3、-5 等。

注意

> 如果无法使用单元格右下角的填充柄，则可以打开【Excel 选项】对话框，在【高级】选项卡中选中【启用填充柄和单元格拖放功能】复选框，然后单击【确定】按钮，如图 2-13 所示。

2.2.3　输入分数

分数分为真分数和假分数，分母大于分子的是真分数，反之是假分数。如需在一个单元格中输入真分数 2/3（三分之二），需要先输入一个 0，然后输入一个空格，再输入 2、斜线（/）和 3，最后按 Enter 键，如图 2-14 所示。

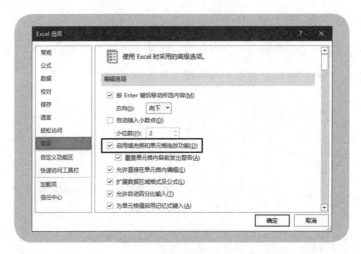

图 2-13　启用填充功能

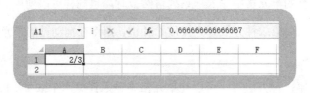

图 2-14　输入真分数

💡 **提示**

可以在编辑栏中查看输入的分数的值是否有效，从而确定输入的分数是否正确。

如需在一个单元格中输入假分数 3/2（二分之三），需要先输入一个 1，然后输入一个空格，再输入 1、斜线（/）和 2，最后按 Enter 键，如图 2-15 所示。

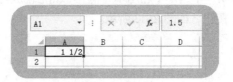

图 2-15　输入假分数

2.2.4 输入指数

由于指数位于数字的右上角，为了获得指数的显示效果，需要为作为指数的数字设置字体格式，操作步骤如下：

（1）选择一个要输入指数的单元格，然后在功能区的【开始】选项卡中的【数字格式】下拉列表中选择【文本】选项，将该单元格的数字格式设置为"文本"，如图 2-16 所示。

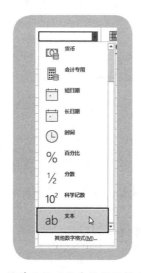

图 2-16 将单元格的数字格式设置为"文本"

（2）在选中的单元格中输入一个两位或更多位数字，数字的最后一位表示指数，例如"102"。

（3）按 F2 键，进入单元格的编辑模式，选择上一步输入的数字 2，如图 2-17 所示。

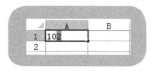

图 2-17 选择表示指数的数字

（4）在功能区的【开始】选项卡中单击【字体】组右下角的对话框启动器，打开【设置单元格格式】对话框，选中【上标】复选框，然后单击【确定】按钮，如

图 2-18 所示。

图 2-18　选中【上标】复选框

（5）按 Enter 键，完成对单元格的修改，即可将数字 2 设置为指数，如图 2-19 所示。

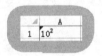

图 2-19　将指定数字设置为指数

2.2.5　输入超过 15 位的数字

在 2.2.1 小节介绍过，当在单元格中输入 15 位以上的数字时，从第 16 位开始的数字都会自动变成 0，导致 15 位以上的数字不能正确显示在单元格中。如需输入 15 位以上的数字，需要在单元格中以文本格式输入数字，有以下两种方法：

（1）将单元格的数字格式设置为"文本"，然后在该单元格中输入 15 位以上的数字，再按 Enter 键。

（2）在单元格中先输入一个英文半角单引号，然后输入 15 位以上的数字，再按 Enter 键。

使用第二种方法输入 15 位以上的数字时，英文半角单引号只显示在编辑栏中，而不会显示在单元格中，如图 2-20 所示。

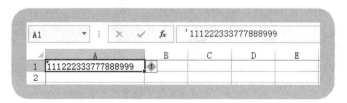

图 2-20　只在编辑栏中显示英文半角单引号

2.3　在 Excel 中输入文本

在 Excel 中输入文本与输入数字的方法基本相同，而且比输入数字的约束更少，输入的文本在单元格中默认左对齐。在一个单元格中最多可以输入 32767 个字符，所有字符完整显示在编辑栏中，但是在单元格中只显示前 1024 个字符。该规则不仅适用于文本，同样适用于数字以及在单元格中输入的其他类型的内容。本节将介绍输入文本的一些常用方法。

2.3.1　输入一系列包含数字的文本

当输入一系列包含数字的文本时，可以使用拖动填充柄的方法快速输入这些文本，其中的数字会自动递增。在 A1 单元格中输入"DL001"，然后向下拖动该单元格右下角的填充柄，将在 A 列其他单元格中依次填入 DL002、DL003、DL004、DL005 等，如图 2-21 所示。

2.3.2　自动填充文本序列

即使输入的文本中不包含数字，在使用本章 2.3.1 小节向下拖动文本所在单元格的填充柄时，也会自动填入一些特定的文本。例如，在一个单元格中输入"甲"字，然后向下拖动该单元格的填充柄，将自动输入"乙""丙""丁"等字，如图 2-22 所示。

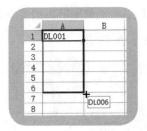

图 2-21　自动输入包含数字的文本

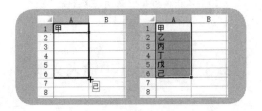

图 2-22　自动填充文本

上述自动填入的文字是由 Excel 内置提供的，用户可以在 Excel 中添加任意文本序列，从而实现类似的自动填充文本功能，操作步骤如下：

（1）打开【Excel 选项】对话框，在【高级】选项卡中单击【编辑自定义列表】按钮，如图 2-23 所示。

图 2-23　单击【编辑自定义列表】按钮

（2）打开【自定义序列】对话框，在左侧的列表框中显示了 Excel 内置的文本
序列和用户创建的文本序列。如需创建新的文本序列，可以在左侧列表框中选择【新
序列】，然后在右侧的文本框中依次输入序列中的每一项数据，每输入一项就按一次
Enter 键，使各项纵向排列，如图 2-24 所示。

图 2-24　输入新的文本序列

（3）单击【添加】按钮，将输入的文本序列添加到左侧列表框中，如图 2-25
所示。

图 2-25　将新的文本序列添加到 Excel 中

提示

如果要创建的文本序列存储在一个单元格区域中，则可以单击【导入】按钮，直接使用单元格区域中的数据创建文本序列。

（4）单击两次【确定】按钮，关闭之前打开的两个对话框。

在任意一个单元格中输入前面创建的文本序列中的任意一项数据，例如"博士"。然后向下拖动该单元格右下角的填充柄，将在拖动过的单元格中按照文本序列中的次序自动填入各项数据，如图 2-26 所示。填入文本序列中的最后一项数据后，会自动从头开始循环填入文本序列中的数据。

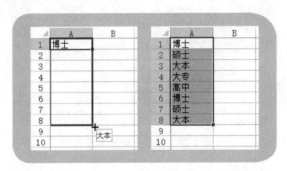

图 2-26　在单元格中自动填入文本序列中的数据

2.3.3　在多个工作表中输入相同的标题

如需在一个工作簿中的多个工作表中输入相同的标题，可以先选择这些工作表，然后在活动工作表中的一个或多个单元格中输入所需的内容，如图 2-27 所示。

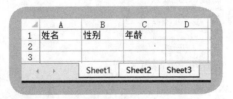

图 2-27　选择多个工作表后输入数据

如果已经在一个工作表中输入好数据，并想将这些数据也输入到其他工作表的相同位置上，操作步骤如下：

（1）选择包含数据的单元格或单元格区域。

（2）保持当前工作表的选中状态，同时再选择要将数据输入到的其他一个或多个工作表。

（3）在功能区的【开始】选项卡中单击【填充】按钮，然后在弹出的菜单中选择【至同组工作表】命令，如图 2-28 所示。

图 2-28　选择【至同组工作表】命令

（4）打开如图 2-29 所示的对话框，【全部】选项同时复制数据本身及其格式，【内容】选项只复制数据而不包含格式，【格式】选项只复制数据的格式。选择所需的一项，然后单击【确定】按钮。

图 2-29　选择数据的填充方式

> **注意**
>
> 在工作表中输入数据时，尽量不要合并单元格，否则会影响数据的正常分析。

2.4 在 Excel 中输入日期

> 与数字和文本相比，在 Excel 中输入日期需要遵循一些相对严格的规则，否则，输入的内容无法被 Excel 正确识别为日期，进而影响 Excel 处理日期的方式。本节将介绍输入日期的一些常用方法。

2.4.1 了解 Excel 中的日期

Excel 中的每一个日期实际上都是一个位于 1～2958465 范围内的数字，将表示日期的数字称为序列值，每个序列值对应于一个日期。如果想知道 1 和 2958465 对应的是哪个日期，可以在 Excel 中的两个单元格中分别输入 1 和 2958465，然后将这两个单元格的数字格式设置为"日期"，将显示对应的日期"1900 年 1 月 1 日"和"9999 年 12 月 31 日"，如图 2-30 所示。

图 2-30 将输入的数字转换为对应的日期

上述操作得到的两个日期是 Windows 操作系统中的 Excel 支持的日期范围，即 1900 年 1 月 1 日～9999 年 12 月 31 日。macOS 操作系统中的 Excel 支持的日期范围是 1904 年 1 月 1 日～9999 年 12 月 31 日。

用户可以在两种日期系统之间转换，打开【Excel 选项】对话框的【高级】选项卡，选中"使用 1904 日期系统"复选框将起始日期设置为 1904 年 1 月 1 日，取消选中该复选框将起始日期设置为 1900 年 1 月 1 日，如图 2-31 所示。

图 2-31 转换日期系统

在 Windows 操作系统中使用以下几种方法输入的日期都能被 Excel 正确识别：

◆ 使用"-"符号分隔日期中的年、月、日，例如 2023-10-8。

◆ 使用"/"符号分隔日期中的年、月、日，例如 2023/10/8。

◆ 在一个日期中混合使用"-"和"/"符号，例如 2023-10/8。

◆ 使用"年""月""日"文字分隔日期中的年、月、日，例如 2023 年 10 月 8 日。

省略日期中的年份时，表示系统当前年份的日期。省略日期中的日时，表示输入的日期中的第一天。

2.4.2 输入一系列连续日期

输入一系列连续日期的方法与输入带有数字的文本类似，只需输入第一个日期，然后向下拖动该日期所在单元格的填充柄，即可自动在拖动过的单元格中填入连续的日期，如图 2-32 所示。

2.4.3 输入一系列间隔日期

如需输入一系列具有相同间隔的日期，例如起始日期是 11 月 1 日，输入以 5 天为间隔的一系列日期，直到 12 月 31 日为止，操作步骤如下：

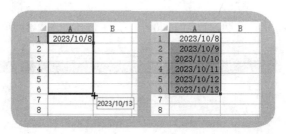

图 2-32　自动输入一系列连续日期

（1）在 A1 单元格中输入起始日期"11 月 1 日"。

（2）选择 A1 单元格，然后在功能区的【开始】选项卡中单击【填充】按钮，在弹出的菜单中选择【序列】命令，如图 2-33 所示。

图 2-33　选择【序列】命令

（3）打开【序列】对话框，进行以下设置，如图 2-34 所示。

图 2-34　设置填充选项

- ◆ 将【序列产生在】设置为【列】。

- ◆ 将【类型】设置为【日期】。

- ◆ 将【日期单位】设置为【日】。

- ◆ 将【步长值】设置为【5】。

- ◆ 将【终止值】设置为【12 月 31 日】。

（4）单击【确定】按钮，将自动在 A1 下方的多个单元格中输入如图 2-35 所示的一系列日期。

图 2-35　自动填入以 5 天为间隔的一系列日期

2.5　数 据 输 入 技 巧

本节将介绍在 Excel 中输入数据的一些技巧，由于这些内容适用于前面介绍的任何数据类型，所以放在本节一起来介绍。

2.5.1　使用记忆式键入

如果正在输入的内容与其同列上方的某个单元格中的内容相同或相似，Excel 默认会使用匹配的内容填充当前单元格，填充的部分将高亮显示。如图 2-36 所示，在 A1 单元格中输入 "Excel 数据分析"，当在 A2 单元格中输入字母 E 时（大小写均可），Excel 会在该字母右侧自动添加"xcel 数据分析"。

图 2-36　由 Excel 自动填充匹配的内容

上述操作由 Excel 中的"记忆式键入"功能控制。只有具备以下几个条件，该功能才会正常发挥作用：

◆ 正在输入的内容所在的单元格与同列上方的单元格之间不能存在空行。

◆ 正在输入的内容的开头必须与同列上方的某个单元格的开头部分相同。

◆ 只对文本有效，对数字和日期无效。

如果不想使用"记忆式键入"功能，可以将其关闭。打开【Excel 选项】对话框，在【高级】选项卡中取消选中【为单元格值启用记忆式键入】复选框，然后单击【确定】按钮，如图 2-37 所示。

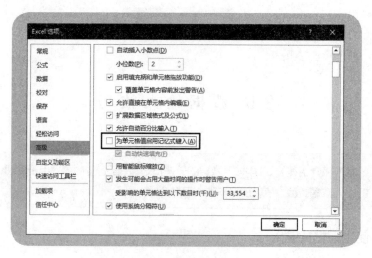

图 2-37　禁用"记忆式键入"功能

还可以右键单击与上方包含数据的单元格连续的同列中的下一个单元格，在弹出的菜单中选择【从下拉列表中选择】命令，然后在打开的列表中选择要输入到单

元格中的内容，列表中显示的选项由同列上方所有单元格中的数据组成，如图 2-38
所示。

图 2-38　从列表中选择要输入的内容

2.5.2　在一个单元格中输入多行数据

在单元格中输入的数据默认始终显示在一行，如需让数据在一个单元格中分行
显示，可以选择包含数据的单元格，然后在功能区的【开始】选项卡中单击【自动
换行】按钮，如图 2-39 所示。

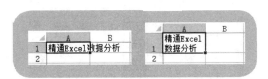

图 2-39　将数据显示在两行

只有在单元格的宽度小于内容的长度时，才能在单击【自动换行】按钮后看到
效果。否则，可以为单元格中的内容手动分行，需要先进入单元格的编辑模式，然
后将插入点定位到要分行的位置，再按 Alt+Enter 组合键，如图 2-40 所示。

图 2-40　手动为单元格中的内容换行

2.5.3　只允许从指定的列表中选择数据

为了避免错误，应该尽量保证不会在工作表中输入无效的数据。一种常用的方

法是对输入的数据执行检查，只有符合要求的数据才能被添加到单元格中。例如，性别只有"男"和"女"之分，输入其他内容都是无效的。为了只允许用户输入"男"或"女"，可以为单元格提供下拉列表，其中只包含"男"和"女"两个选项，用户只能从中选择其一。当需要从数量更多的选项中选择数据时，这种列表式的输入方式会更加方便。

为单元格提供下拉列表选项的操作步骤如下：

（1）选择一个单元格，在功能区的【数据】选项卡中单击【数据验证】按钮，如图 2-41 所示。

（2）打开【数据验证】对话框，在【设置】选项卡中进行以下设置，如图 2-42 所示。

1）在【允许】下拉列表中选择【序列】选项。

2）在【来源】文本框中输入"男,女"，其中的逗号必须是英文半角逗号。

图 2-41　单击【数据验证】按钮

图 2-42　设置数据验证条件

注意

> 如需在【来源】文本框中移动插入点的位置，需要按 F2 键，与进入单元
> 格的编辑模式的方法相同。默认会选中【提供下拉箭头】复选框，如果未
> 选中该复选框，则需要将其选中。

（3）切换到【出错警告】选项卡，进行以下设置，如图 2-43 所示。

1）选中【输入无效数据时显示出错警告】复选框。

2）在【样式】下拉列表中选择【停止】。

3）在【标题】和【错误信息】两个文本框中输入所需的内容。

图 2-43 设置输入无效内容时显示的错误信息

（4）单击【确定】按钮，关闭【数据验证】对话框。此时在第一步选择的单元
格的右侧会显示一个下拉按钮，单击该按钮将打开如图 2-44 所示的下拉列表，选择
任意一项，即可将其添加到单元格中。

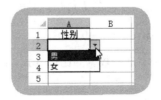

图 2-44 在下拉列表中选择选项

> **提示**
>
> 即使不额外设置【出错警告】选项卡，Excel 也会阻止用户向单元格中添加任何限定条件之外的内容。单独设置该选项卡是为了可以在出错时显示自定义的提示信息。

如果手动在单元格中输入位于列表选项之外的内容，则在按 Enter 键时，将显示如图 2-45 所示的错误信息，并禁止将正在输入的内容添加到单元格中。

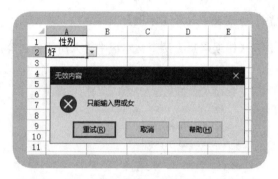

图 2-45　输入不符合要求的数据时显示错误信息

可以将设置好的数据验证复制并粘贴到其他单元格，从而快速为其他单元格设置相同的数据验证。拖动单元格的填充柄，也可以将数据验证复制到拖动过的单元格中。

2.5.4　只允许输入指定范围内的数字或日期

2.5.3 小节介绍的下拉列表选项只是"数据验证"功能的一种应用方式，实际上，使用该功能还可以限制输入的数字或日期的范围。例如，如果希望在单元格中只能输入 18～60 之间的数字，则可以选择一个单元格，然后打开【数据验证】对话框，在【设置】选项卡中进行以下设置：

（1）根据设置的数据类型，可以在【允许】下拉列表中选择【整数】、【小数】或【日期】，此处选择【整数】，如图 2-46 所示。

（2）在【数据】下拉列表中选择数据的比较方式，此处选择【介于】，如图 2-47所示。

（3）将【最小值】设置为【18】，将【最大值】设置为【60】，如图 2-48 所示。

图 2-46　选择验证的数据类型

图 2-47　选择数据的比较方式

为了提供清晰的输入提示信息，可以在【输入信息】选项卡中进行以下设置，如图 2-49 所示。

（1）选中【选定单元格时显示输入信息】复选框。

（2）在【标题】文本框中输入"输入年龄"。

（3）在【输入信息】文本框中输入"只能输入 18～60 之间的数字"。

图 2-48　设置数值范围

图 2-49　设置输入提示信息

　　设置完成后，单击【确定】按钮，选择设置了数据验证的单元格时，将显示输入提示信息，如图 2-50 所示。

　　上面介绍的是设置数字范围的操作过程，为日期设置限定范围的方法类似，此处不再赘述。

图 2-50 显示输入提示信息

2.5.5 禁止输入重复数据

数据验证的另一种常见用途是禁止在单元格区域中输入重复数据，例如禁止在 A2:A10 单元格区域中输入重复的商品编号。首先选择 A2:A10 单元格区域，并确保 A2 是活动单元格。然后打开【数据验证】对话框，在【设置】选项卡中进行以下设置，最后单击【确定】按钮，如图 2-51 所示。

图 2-51 设置数据验证条件

（1）在【允许】下拉列表中选择【自定义】。

（2）在【公式】文本框中输入以下公式。

=COUNTIF($A$2:$A$10,A2)=1

提示

COUNTIF 是一个 Excel 内置函数，用于统计符合条件的单元格数量，本例中使用该函数统计在活动单元格中正在输入的编号是否已经在 A2:A10 单元格区域中出现过，如果出现过，则表示编号重复，此时 COUNTIF 函数返回一个大于 1 的数字；如果未出现过，则该函数返回 1，此时可以将输入的内容添加到单元格中。有关 COUNTIF 函数的详细介绍请参考本书第 6 章。

无论是导入其他程序创建的数据还是手动输入新的数据，由于程序之间的格式兼容性以及用户的不规范输入习惯，都可能会导致数据在 Excel 中出现格式方面的问题，这些问题不仅会影响在 Excel 中的正常显示，还会影响 Excel 对这些数据类型的正确识别和处理。因此，创建数据后，很可能需要对不符合 Excel 格式要求的数据进行整理和修复。本章将从修复数据和调整格式两个方面来介绍整理数据的一些常用方法。

3.1　修复有问题的数据

在 Excel 中导入或输入的数据可能存在着各种问题，在开始分析数据之前，需要先解决数据存在的各种问题，否则会影响数据的正常分析。

3.1.1　删除无用数据

无用数据有很多种情况，它们可能位于一个或多个单元格中，也可能是单元格中的部分数据，还可能是数据区域中的空行和空列等。

1．删除单元格中的所有数据

如需删除一个单元格中的所有数据，可以使用以下两种方法：

（1）选择单元格，然后按 Delete 键。

（2）右键单击单元格，在弹出的菜单中选择【清除内容】命令。

如需删除多个单元格中的内容，可以先同时选择这些单元格，然后使用上面两种方法删除这些单元格中的数据。

使用上面两种方法只能删除单元格中的数据，不能删除单元格中的格式。如需同时删除单元格中的数据和格式，需要在功能区的【开始】选项卡中单击【清除】按钮，然后在弹出的菜单中选择【全部清除】命令，如图 3-1 所示。

图 3-1 使用【全部清除】命令删除数据和格式

2．删除单元格中的部分数据

如需删除单元格中的部分数据，需要选择该单元格并按 F2 键，然后在编辑模式下选择要删除的部分数据，再按 Delete 键。

3．删除数据区域中的空行和空列

如需删除数据区域中的空行或空列，可以右键单击空行或空列中的任意一个单元格，在弹出的菜单中选择【删除】命令，打开【删除】对话框，选中【整行】或【整列】单选钮，然后单击【确定】按钮，如图 3-2 所示。

图 3-2 删除整行或整列

还可以通过右键单击工作表中的行号或列标和功能区中的命令来删除指定

的行和列。

3.1.2 更正错别字

如果发现工作表中的多个单元格中存在相同的错别字，则可以使用替换功能一次性更正它们。如图 3-3 所示，需要将"部门"列中的"布"改为"部"，操作步骤如下：

图 3-3　数据中包含错别字

（1）按 Ctrl+H 组合键，打开【查找和替换】对话框的【替换】选项卡，在【查找内容】文本框中输入"布"，在【替换为】文本中输入"部"，如图 3-4 所示。

（2）单击【全部替换】按钮，将显示成功替换的数量，如图 3-5 所示。单击【确定】按钮，然后单击【关闭】按钮。

图 3-4　设置查找内容和替换内容

图 3-5　显示替换结果

　　上面的方法只是简单地将工作表中所有的"布"字替换为"部"字。如果"布"字不止出现在"部门"列，还出现在其他列，但是只想替换"部门"列中的"布"字，则可以在替换前先选中"部门"列，然后再执行替换操作。

　　如果只想替换 3 个字中带有"布"字的情况，则可以在【查找内容】文本框中输入"??布"，然后单击【选项】按钮并选中【单元格匹配】复选框，再单击【查找全部】按钮，将在对话框底部显示找到的所有匹配的单元格，如图 3-6 所示。

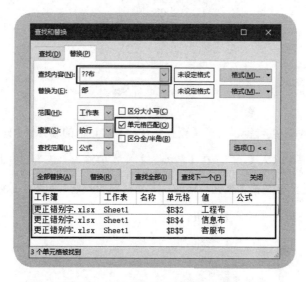

图 3-6　使用通配符查找匹配的数据

　　单击底部区域中的任意位置，然后按 Ctrl+A 组合键，选中所有匹配的单元格。再将【查找内容】文本框中的两个问号删除，并取消选中【单元格匹配】复选框，最后单击【全部替换】按钮即可。

3.1.3　拆分复合数据

　　有时可能会遇到如图 3-7 所示的格式，本应该分为两列的数据却合并在一列中，它们之间使用逗号或其他符号分隔。

　　使用 Excel 中的分列功能可以很容易将这类数据拆分到多个列中，操作步骤如下：

（1）选择数据所在的 A 列，然后在功能区的【数据】选项卡中单击【分列】按钮，如图 3-8 所示。

图 3-7　混合在一列中的复合数据

图 3-8　单击【分列】按钮

（2）打开【文本分列向导】对话框，如图 3-9 所示。由于本例数据以逗号分隔，所以选中【分隔符号】单选钮，然后单击【下一步】按钮。

图 3-9　选中【分隔符号】单选钮

（3）进入如图 3-10 所示的界面，只选中【逗号】复选框，然后单击【下一步】按钮。

图 3-10　选中【逗号】复选框

（4）进入如图 3-11 所示的界面，选中【常规】单选钮，【目标区域】选项用于指定分列后得到的数据区域左上角的位置。设置完成后，单击【完成】按钮，将 A 列数据以逗号作为界限分成两列，在 A 列中放置逗号左侧的数据，在 B 列中放置逗号右侧的数据，如图 3-12 所示。

图 3-11　指定数据格式和左上角位置

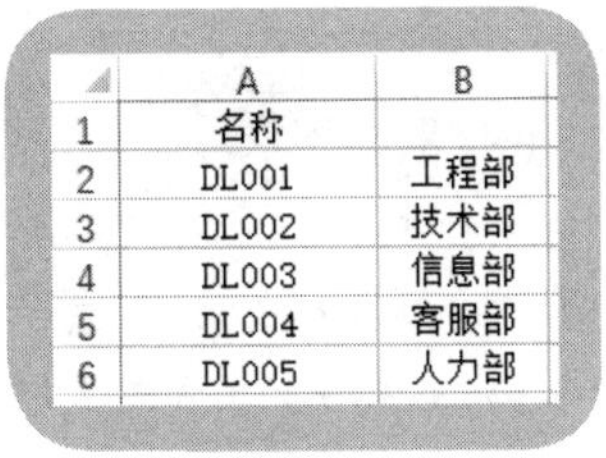

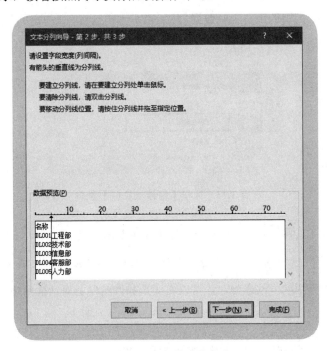

图 3-12　拆分后的数据

如果本例数据之间没有逗号或其他分隔符，则可以在【文本分列向导】对话框的第一个界面中选中【固定宽度】单选钮，然后在下一个界面中单击要分列的位置，如图 3-13 所示，接着按照向导执行后续操作即可。

图 3-13　指定分列的位置

3.1.4　修正数值大小

如图 3-14 所示，C 列中的每个工资数据都少了两个 0。

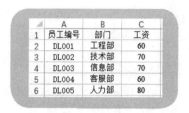

图 3-14　C 列中的工资数据有误

使用 Excel 中的"选择性粘贴"功能，可以快速在每个工资数据的结尾添加两个 0，操作步骤如下：

（1）在数据区域之外的任意一个空白单元格中输入数字 100。

（2）选择上一步输入的数字 ，然后按 Ctrl+C 组合键，将其复制到剪贴板。

（3）选择 C 列中的所有工资数据，然后右键单击选区，在弹出的菜单中选择【选择性粘贴】命令，如图 3-15 所示。

图 3-15　选择【选择性粘贴】命令

（4）打开【选择性粘贴】对话框，选中【乘】单选钮，然后单击【确定】按钮，如图 3-16 所示。选中的每一个工资数据都将自动扩大 100 倍，如图 3-17 所示。

除了本例介绍的方法之外，还可以在【选择性粘贴】对话框中使用加、减、除等选项对数据执行计算。

3.1.5　使用 0 填充数据区域中的空白单元格

如图 3-18 所示，数据区域中包含空白单元格。为了便于数据的计算和分析，通常应该在数据区域中的空白单元格中填入 0 而非留空，操作步骤如下：

（1）选择数据区域，本例为 A1:C6 单元格区域。

图 3-16　选中【乘】单选钮

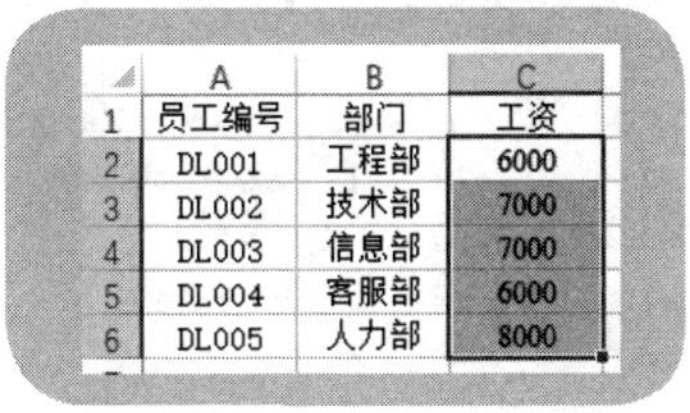

图 3-17　将工资自动扩大 100 倍

图 3-18　数据区域中包含空白单元格

（2）按 F5 键，打开如图 3-19 所示的对话框，单击【定位条件】按钮。

（3）打开【定位条件】对话框，选中【空值】单选钮，然后单击【确定】按钮，如图 3-20 所示。

（4）自动选中数据区域中的所有空白单元格，输入 0，然后按 Ctrl+Enter 组合键，即可将 0 输入到选中的所有空白单元格中，如图 3-21 所示。

图 3-19　单击【定位条件】按钮

图 3-20　选中【空值】单选钮

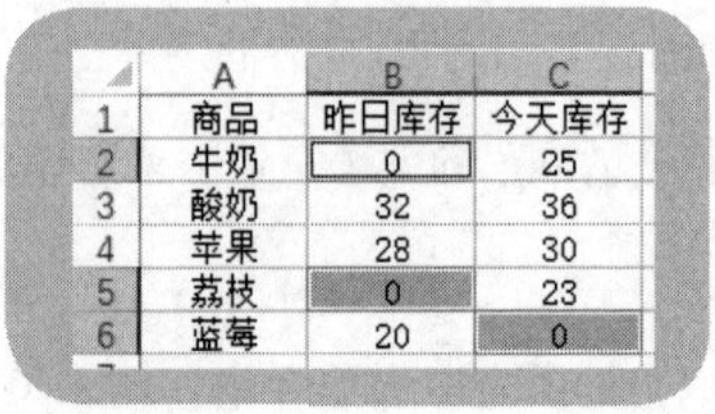

	A	B	C
1	商品	昨日库存	今天库存
2	牛奶	0	25
3	酸奶	32	36
4	苹果	28	30
5	荔枝	0	23
6	蓝莓	20	0

图 3-21　自动选中所有的空白单元格并在其中输入 0

3.1.6 更正无法被 Excel 正确识别的日期

所有未按照第 2 章介绍的方法正确输入的日期，都会被 Excel 当做文本来处理。如图 3-22 所示就是其中一种情况，使用英文句点分隔表示年、月、日的数字。

	A	B	C	D
1	商品	生产日期	昨日库存	今天库存
2	牛奶	2023.12.6	0	25
3	酸奶	2023.12.5	32	36
4	苹果	2023.12.7	28	30
5	荔枝	2023.12.6	0	23
6	蓝莓	2023.12.5	20	0

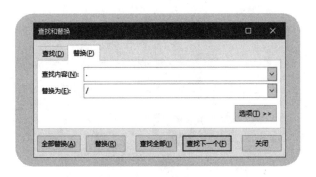

图 3-22　B 列中的数据不能被 Excel 识别为日期

只需将英文句点替换为可被 Excel 识别为日期的分隔符即可，操作步骤如下：

（1）选择 B 列，然后按 Ctrl+H 组合键。

（2）打开【查找和替换】对话框中的【替换】选项卡，在【查找内容】文本框中输入“.”，在【替换为】文本框中输入“/”，然后单击【全部替换】按钮，如图 3-23 所示。

图 3-23　设置替换选项

（3）单击【确定】按钮，关闭显示替换成功信息的对话框。

3.1.7 转换数据类型

在 Excel 中有 5 种数据类型：数值、文本、日期和时间、逻辑值和错误值。日期和时间本质上也是数值。不同的数据类型在 Excel 中有不同的存储和处理方式。

当数据的类型不正确时，在对其进行计算和分析时可能会得到无法预料的结果。

例如，如果将单元格的数字格式设置为"文本"，然后在该单元格中输入一个数字，则在将该单元格作为 SUM、COUNT 等函数的参数进行求和与计数时，Excel 会将该单元格中的数字看作文本而非数字，这样就会导致错误的计算结果。

为了解决由于数据类型不正确而导致的计算错误，需要在计算前将它们转换为正确的数据类型。下面介绍两种常见的数据类型转换方法。

1．在文本型数字和数值之间转换

文本型数字是指以文本格式输入的数字，出现这种数字是因为在输入数字前，单元格的数字格式已被设置为"文本"，或者在输入数字的开头先输入了一个英文单引号。为了使文本型数字可以正确参与计算，需要将其转换为数值，有以下两种方法：

（1）当在单元格中以文本格式输入数字时，该单元格的左上角会显示一个小三角，如图 3-24 所示。单击这个单元格将显示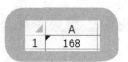按钮，单击该按钮，在弹出的菜单中选择【转换为数字】命令，如图 3-25 所示。

图 3-24　单元格左上角显示一个小三角

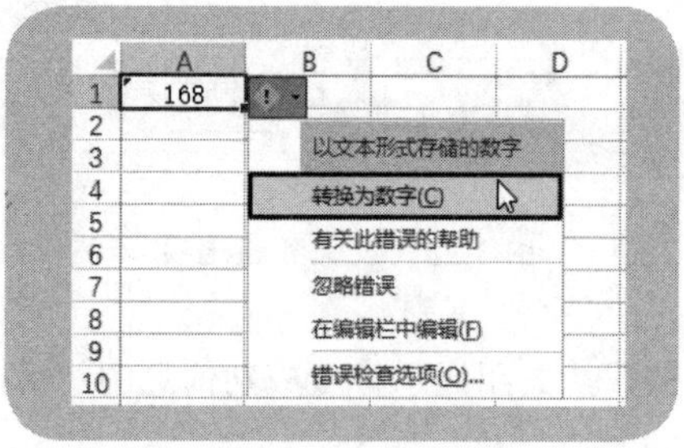

图 3-25　选择【转换为数字】命令

（2）使用以下任意一个公式将特定单元格中的文本型数字转换为数值，此处以 A1 单元格为例，*表示乘法，/表示除法，VALUE 是一个 Excel 内置函数。有关公式和函数的详细内容将在本书第 6 章介绍。

```
=A1*1
=A1/1
=A1+0
=A1-0
=--A1
=VALUE(A1)
```

如需将数值转换为文本型数字，可以使用&将数值和一个零长度字符串连接在一起，零长度字符串是一对其中不包含任何内容的英文双引号。下面的公式将 A1 单元格中的数值转换为文本型数字。

```
=A1&""
```

2．在逻辑值和数值之间转换

逻辑值只有 TRUE 和 FALSE 两种，通常用在条件判断中，TRUE 表示条件成立，FALSE 表示条件不成立，此时所有非 0 数字等价于 TRUE，0 等价于 FALSE。将逻辑值转换为数值的方法类似于与将文本型数字转换为数值，可以对逻辑值执行乘 1、除 1、加 0、减 0 的四则运算，此时的逻辑值 TRUE 等价于 1，逻辑值 FALSE 等价于 0。

```
TRUE*8=8
FALSE*8=0
TRUE+8=9
FALSE+8=8
TRUE+FALSE=1
TRUE*FALSE=0
```

3.2　调 整 数 据 格 式

除了数据本身出现的各种问题之外，数据在工作表中的显示方式是另一个需要注意的问题。虽然数据的显示方式通常不会直接影响数据的计算和分析结果，但是掌握数据显示方面的设置方法，对于清晰展示数据也是非常重要的。本节将介绍几种常用的数据格式的设置方法。

3.2.1 转换数据的行列位置

有时可能需要将输入在一列中的标题转换到一行中或者反向操作，使用 Excel 中的"转置"功能可以很容易完成这项工作，操作步骤如下：

（1）选择要转换的数据区域，例如 A1:A5。

（2）按 Ctrl+C 组合键，将选中的区域复制到剪贴板中。

（3）右键单击要将其转换到一行中的起始单元格，例如 C1，在弹出的菜单中选择【粘贴选项】中的【转置】命令，即可将选中的数据粘贴到 C1 单元格为起点的一行单元格中，即 C1:G1，如图 3-26 所示，

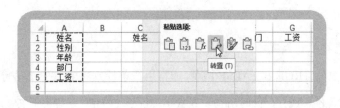

图 3-26　转换数据的行列位置

3.2.2 设置数据在单元格中的对齐方式

对齐方式是指数据在单元格中的位置，分为水平对齐和垂直对齐两种。如需设置数据的对齐方式，可以使用功能区的【开始】选项卡的【对齐方式】组中的命令，第一排中的命令用于设置垂直对齐方式，第二排中的命令用于设置水平对齐方式，如图 3-27 所示。

图 3-27　功能区中的对齐命令

如需设置更多的对齐方式，可以单击【对齐方式】组右下角的对话框启动器，在打开的【设置单元格格式】对话框中进行设置，如图 3-28 所示。

图 3-28　在【设置单元格格式】对话框中设置对齐方式

大多数对齐方式的效果如字面意思所示，以下两种对齐方式稍显特别：

（1）**填充**：在单元格中输入的内容会自动重复多次，重复的次数由单元格的剩余空间决定，当剩余空间无法再容纳下一次重复时将停止。如图 3-29 所示，在 A1 单元格中输入"Excel 数据分析"后，将在该单元格中显示两遍该内容，这是因为 A1 单元格的剩余空间无法再容纳第 3 遍该内容。"填充"对齐方式只改变单元格的显示效果，并不会改变单元格中的内容本身。

图 3-29　"填充"对齐方式

（2）**跨列居中**：将内容显示在选中的一行多个单元格的中间位置上，效果与"合并后居中"功能类似，但是"跨列居中"并不会真正合并单元格，如图 3-30 所示。

图 3-30 "跨列居中"对齐方式

3.2.3 设置数据的字体格式

使用功能区的【开始】选项卡中的【字体】组中的选项，可以为选中的单元格中的数据设置字体格式，包括字体、字号、颜色、加粗、倾斜等，如图 3-31 所示。单击【字体】组右下角的对话框启动器，可以在打开的对话框中找到所有字体格式选项，如图 3-32 所示。

图 3-31 功能区中的字体格式选项

图 3-32 对话框中的字体格式选项

实际上，使用"字符格式"代替本小节标题中的"字体格式"更加准确，但是为了与 Excel 功能区界面中的名称保持一致，所以本书也统一使用"字体格式"。

3.2.4　一次性为数据设置多种格式

除了前面介绍的对齐方式和字体格式之外，在 Excel 中还可以为单元格中的数据设置数字格式、边框、填充等格式，每一类格式在【设置单元格格式】对话框中都有自己独立的选项卡。

当需要为一个单元格同时设置多种格式时，最好的方法是使用 Excel 中的"样式"功能，使用该功能可以一次性设置或修改单元格的所有格式。在功能区的【开始】选项卡中单击【单元格样式】按钮，打开如图 3-33 所示的样式库，从中选择一种样式，即可为选中的单元格设置样式包含的格式。

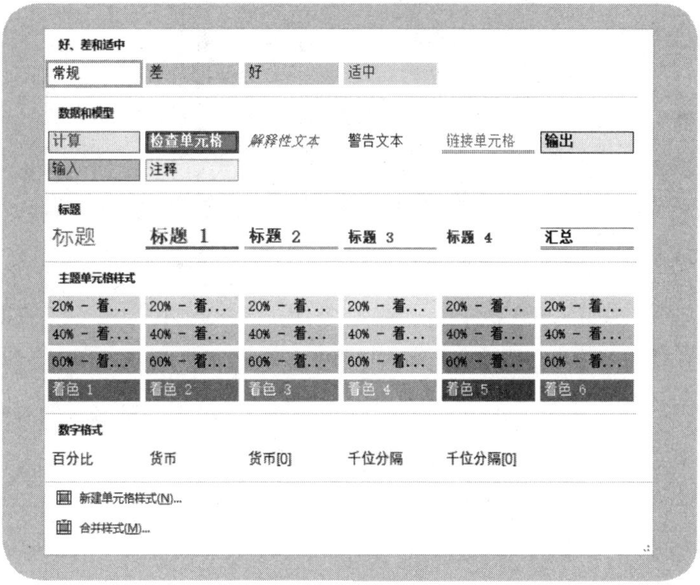

图 3-33　单元格样式

用户可以创建新的样式或修改现有的样式，在样式库的底部选择【新建单元格样式】命令，可以创建新的样式；在样式库中右键单击某个现有样式，然后在弹出的菜单中选择【修改】命令，可以修改该样式。

无论新建或修改样式，都会打开【样式】对话框，如图3-34所示。6个复选框代表单元格的6种格式，复选框被选中表示该格式当前正在生效。如果不想为单元格设置某种格式，则可以取消选中该格式对应的复选框。单击【格式】按钮，可以修改这些格式。新建的样式显示在样式库顶部的"自定义"类别中。

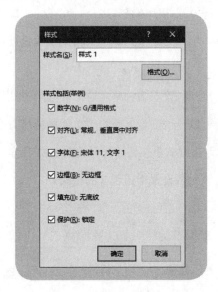

图 3-34 修改单元格样式中的格式

第 4 章

数据的基本分析

Excel 提供了一些对数据进行基本分析的工具，例如排序、筛选和分类汇总，本章将介绍使用这些工具分析数据的方法。

4.1 符合分析要求的数据结构

分析数据前，需要检查数据结构是否符合要求。使用 Excel 中的分析工具进行分析的数据都应该是数据列表的形式。这种结构的数据由多行和多列组成，第一行是各列的标题，用于描述每列数据的含义，各列标题不能重复。每列数据都是同一类信息且数据类型相同。

如图 4-1 所示是本章所有示例使用的原始数据的一部分，它是一个符合分析要求的数据列表，该数据共有 7 列，每一列中的数据表示一类信息且具有相同的数据类型。每一行是一条记录，每条记录都包含员工编号、姓名、性别、年龄、学历、部门、工资 7 类信息。

	A	B	C	D	E	F	G
1	员工编号	姓名	性别	年龄	学历	部门	工资
2	DL001	云佗	男	39	高中	工程部	7400
3	DL002	郦馨莲	男	35	大本	工程部	13000
4	DL003	蓟冲	女	42	硕士	技术部	8000
5	DL004	艾锯铭	男	36	博士	销售部	12100
6	DL005	郜雁烟	男	41	博士	技术部	7600
7	DL006	桑凰	男	53	大专	人力部	7000
8	DL007	汪个	男	30	大本	财务部	9800
9	DL008	卫复	男	28	大本	销售部	11300
10	DL009	陆幼彤	男	27	博士	工程部	14600
11	DL010	祝体	男	36	博士	技术部	6700
12	DL011	史娅	女	25	博士	销售部	9700
13	DL012	杨惟	女	45	大本	技术部	11300
14	DL013	章疝	男	46	大专	财务部	12600
15	DL014	施芊怿	女	35	硕士	技术部	9700
16	DL015	吴喜	女	27	高中	人力部	12600

图 4-1　符合分析要求的数据列表

4.2 排 序 数 据

> 使用 Excel 中的"排序"功能，可以按照升序或降序对数值、日期和文本进行排序。数值是按照数字大小进行排序，日期的排序与数值类似。文本的排序是按照首字母的顺序进行排序。如果希望以升序或降序之外的某种特定顺序对数据排序，则可以使用"自定义排序"。

4.2.1 单条件排序

单条件排序是只对一列数据排序，其他列中的数据自动随排序列中的数据同步调整。如图 4-2 所示，如需按照工资从高到低的顺序排列表中的数据，可以单击 G 列中的任意一个数据单元格，然后在功能区的【数据】选项卡中单击【降序】按钮，如图 4-3 所示。

▲	A	B	C	D	E	F	G
1	员工编号	姓名	性别	年龄	学历	部门	工资
2	DL009	陆幼彤	男	27	博士	工程部	14600
3	DL024	闵醉薇	女	35	大本	财务部	14300
4	DL047	荀慧	女	33	博士	人力部	14300
5	DL025	元蒿	男	38	大专	工程部	13900
6	DL030	庄哲	男	37	大专	销售部	13800
7	DL023	解幽君	男	30	博士	技术部	13600
8	DL032	缪意智	男	32	高中	技术部	13600
9	DL050	祁潇潆	女	35	大专	人力部	13600
10	DL041	胥尼	女	30	博士	销售部	13400
11	DL018	葛娇	女	36	硕士	财务部	13200
12	DL040	蒋亦	男	52	硕士	财务部	13100
13	DL002	郦馨莲	男	35	大本	工程部	13000
14	DL034	公又萱	男	30	高中	人力部	13000
15	DL019	温亚妃	男	50	博士	技术部	12700
16	DL013	章疤	男	46	大专	财务部	12600

图 4-2 按照工资从高到低排列数据

图 4-3 单击【降序】按钮

如果希望排序结果只作用于排序的列，其他列数据的位置不会随之改变，则需要在排序前选中要排序的列，然后执行上面的排序操作，将打开如图 4-4 所示的对话框，选中【以当前选定区域排序】单选钮，最后单击【排序】按钮。

图 4-4　只对选中的列排序

4.2.2　多条件排序

在实际应用中，更多的需求是同时对两列或多列数据按照优先级进行排序。对于本章示例数据来说，如果希望同时按照部门和工资两个条件进行排序，即先按照部门的首字母升序排列，然后对同一个部门的工资进行降序排列，操作步骤如下：

（1）选择数据区域中的任意一个单元格，然后在功能区的【数据】选项卡中单击【排序】按钮，如图 4-5 所示。

图 4-5　单击【排序】按钮

（2）打开【排序】对话框，在【主要关键字】下拉列表中选择【部门】，然后将【排序依据】设置为【单元格值】，将【次序】设置为【升序】，如图 4-6 所示。

（3）单击【添加条件】按钮，然后在【次要关键字】下拉列表中选择【工资】，将【排序依据】设置为【单元格值】，将【次序】设置为【降序】，如图 4-7 所示。

（4）单击【确定】按钮，关闭【排序】对话框，得到如图 4-8 所示的排序结果。

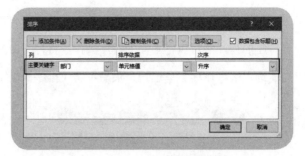

图 4-6　设置第一个排序条件

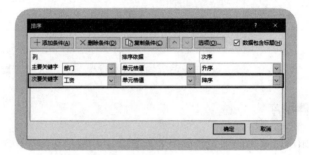

图 4-7　设置第二个排序条件

▲	A	B	C	D	E	F	G
1	员工编号	姓名	性别	年龄	学历	部门	工资
2	DL024	闵醉薇	女	35	大本	财务部	14300
3	DL018	葛嵚	女	36	硕士	财务部	13200
4	DL040	蒋亦	男	52	硕士	财务部	13100
5	DL013	章庭	男	46	大专	财务部	12600
6	DL007	汪个	男	30	大本	财务部	9800
7	DL029	童墥	女	25	大本	财务部	9700
8	DL043	田柯成	女	51	高中	财务部	9100
9	DL009	陆幼彤	男	27	博士	工程部	14600
10	DL025	元蒿	男	38	大专	工程部	13900
11	DL002	郦馨莲	男	35	大本	工程部	13000
12	DL042	游淞	女	46	硕士	工程部	12400
13	DL046	宁恨瑶	女	36	博士	工程部	8700
14	DL020	敖帛	男	41	大本	工程部	7800
15	DL001	云佗	男	39	高中	工程部	7400
16	DL023	解幽君	男	30	博士	技术部	13600

图 4-8　多条件排序

提示

如果在【排序】对话框中添加了错误的条件，则可以选择该条件，然后单击【删除条件】按钮将其删除。如需调整条件的先后顺序，可以在选择条件后单击【上移】按钮∧或【下移】按钮∨。

4.2.3　自定义排序

如果使用【升序】或【降序】命令无法实现所需的排序效果，则可以使用自定义排序。自定义排序实际上是使用用户创建的自定义文本序列作为排序依据对数据进行排序。对于本章示例数据来说，按照学历从高到低的顺序排列数据的操作步骤如下：

（1）选择数据区域中的任意一个单元格，然后在功能区的【数据】选项卡中单击【排序】按钮。

（2）打开【排序】对话框，在【主要关键字】下拉列表中选择【学历】，然后将【排序依据】设置为【单元格值】，将【次序】设置为【自定义序列】，如图4-9所示。

图 4-9　将【次序】设置为【自定义序列】

（3）打开【自定义序列】对话框，在此处创建学历从高到低的序列，具体方法请参考本书第 2 章。

（4）创建好学历序列后将其选中，然后单击【确定】按钮，返回【排序】对话框，【次序】将被设置为学历序列，如图4-10所示。

图 4-10　【次序】被设置为用户创建的学历序列

（5）单击【确定】按钮，将数据按照学历从高到低的顺序进行排列，如图 4-11
所示。

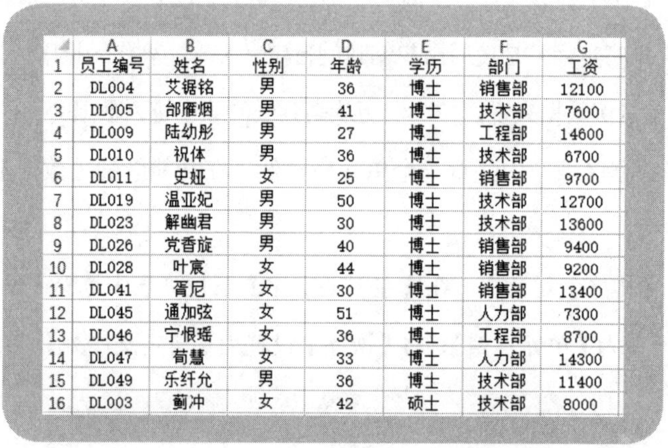

图 4-11　按照学历从高到低的顺序排列数据

4.3　筛　选　数　据

使用 Excel 中的"筛选"功能，可以在数据区域中只显示符合条件的数据。
在 Excel 中有两种筛选方式：

◆　普通筛选：进入筛选模式后，从列标题的下拉列表中选择特定
项，或者根据数据类型选择特定的筛选命令。

◆　高级筛选：在位于数据区域之外的一个特定区域中输入筛选条
件，筛选时将该区域指定为筛选条件。高级筛选有一些普通筛选不具
备的优点，例如，可以将筛选结果提取到工作表中的指定位置、删除
重复记录等。

4.3.1　进入和退出筛选模式

使用普通筛选方式筛选数据时，需要先进入筛选模式。如需进入筛选模式，需
要先选择数据区域中的任意一个单元格，然后在功能区的【数据】选项卡中单击【筛
选】按钮，如图 4-12 所示。

图 4-12 单击【筛选】按钮

进入筛选模式后，在每个列标题的右侧会显示一个下拉按钮，单击该按钮将打开一个下拉列表，其中包含筛选相关的命令和选项，如图 4-13 所示。

▲	A	B	C	D	E	F	G
1	员工编▼	姓名▼	性别▼	年龄▼	学历▼	部门▼	工资▼
2	DL001	云伦					7400
3	DL002	郦馨莲					13000
4	DL003	蓟冲					8000
5	DL004	艾锯铭					12100
6	DL005	郃雁烟					7600
7	DL006	桑凰					7000
8	DL007	汪个					9800
9	DL008	卫复					11300
10	DL009	陆幼彤					14600
11	DL010	祝体					6700
12	DL011	史娅					9700
13	DL012	杨惟					11300
14	DL013	章愿					12600
15	DL014	施芊怿					9700
16	DL015	吴喜					12600
17	DL016	陈诗夏					7200
18	DL017	杨英睿					11700
19	DL018	葛崭					13200
20	DL019	温亚妃					12700
21	DL020	敖帛					7800
22	DL021	石静馨					6000
23	DL022	瞿夙					6500

图 4-13 进入筛选模式后打开的下拉列表

注意

一个工作表中只能有一个数据区域进入筛选模式。

提示

右键单击数据区域中的某个单元格，在弹出的菜单中选择【筛选】命令，在子菜单中包含几个基于当前活动单元格中的值或格式进行筛选的命令，使用这些命令可以直接筛选当前数据区域，而无需进入筛选模式，如图 4-14 所示。

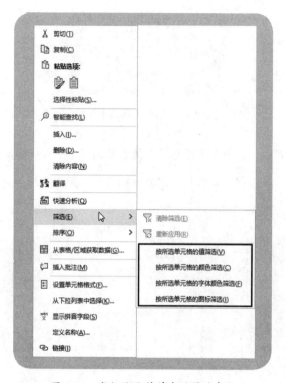

图 4-14　鼠标快捷菜单中的筛选命令

取消筛选并恢复数据的原始状态有以下方法：

（1）**使某列数据全部显示**：打开正处于筛选状态的列标题的下拉列表，然后选中【全选】复选框，或者选择【从……中清除筛选】命令，省略号表示列标题的名称，如图 4-15 所示。

（2）**使所有列数据全部显示**：在功能区的【数据】选项卡中单击【清除】按钮。

（3）**退出筛选模式**：在功能区的【数据】选项卡中单击【筛选】按钮，使该按钮弹起。

4.3.2　普通筛选

无论筛选的是文本、数值还是日期，Excel 都提供了一种通用的数据筛选方法。进入筛选模式后，单击要筛选的列标题右侧的下拉按钮，在打开的列表中包含很多复选框，它们是该列中的不重复数据，选中哪个复选框就筛选哪个数据。如图 4-16

所示为筛选出工程部、技术部和销售部的数据。

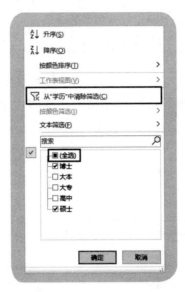

图 4-15　在列标题的下拉列表中清除筛选

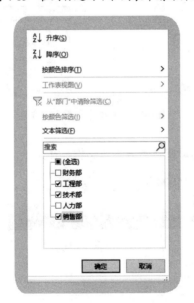

图 4-16　选择要筛选出的项

上面介绍的是筛选数据的通用方法，对于不同类型的数据，Excel 还提供了特

定的选项。单击列标题右侧的下拉按钮，在打开的列表中将显示【文本筛选】【数字

筛选】或【日期筛选】三者之一,显示哪个由列数据的类型决定。选择这3个命令后,将在子菜单中显示适用于特定数据类型的选项。

对于本章示例数据来说,筛选工资在10000~15000之间的数据的操作步骤如下:

(1)首先进入筛选模式,然后单击"工资"列标题右侧的下拉按钮,在弹出的菜单中选择【数字筛选】命令,然后在子菜单中选择【介于】命令,如图4-17所示。

图4-17 选择【介于】命令

(2)打开【自定义自动筛选方式】对话框,在第一个文本框中输入"10000",在第二个文本框中输入"15000",如图4-18所示。

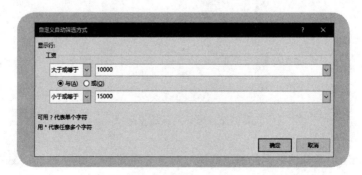

图4-18 设置筛选条件

（3）单击【确定】按钮，将只显示工资在 10000～15000 的数据，如图 4-19 所示。

	A	B	C	D	E	F	G
1	员工编	姓名	性别	年龄	学历	部门	工资
3	DL002	郦馨莲	男	35	大本	工程部	13000
5	DL004	艾锟铭	男	36	博士	销售部	12100
9	DL008	卫复	男	28	大本	销售部	11300
10	DL009	陆幼彤	男	27	博士	工程部	14600
13	DL012	杨惟	女	45	大本	技术部	11300
14	DL013	童瘛	男	46	大专	财务部	12600
16	DL015	吴喜	女	27	高中	人力部	12600
18	DL017	杨英睿	男	38	硕士	人力部	11700
19	DL018	葛崭	女	36	硕士	财务部	13200
20	DL019	温亚妃	男	50	博士	技术部	12700
24	DL023	解幽君	男	30	博士	技术部	13600
25	DL024	闵醉薇	女	35	大本	财务部	14300
26	DL025	元富	男	38	大专	工程部	13900
31	DL030	庄哲	男	37	大专	销售部	13800
33	DL032	缪意智	男	32	高中	技术部	13600
34	DL033	桂沈晗	女	45	高中	人力部	10600

图 4-19　筛选结果

4.3.3　高级筛选

高级筛选的条件是一个单元格区域，在该区域中输入筛选条件，条件区域与数据区域必须通过空行或空列分隔开，条件区域的第一行是标题，标题必须与数据区域中的列标题一致，只输入要筛选的列数据的标题即可，无需输入所有的列标题。条件区域中标题下方的一行或多行是要设置的条件，如需同时满足多个条件，需要在同一行中输入这些条件；如需满足多个条件中的任意一个，需要在不同行中输入这些条件。

对于本章示例数据来说，筛选出学历是博士或硕士且工资在 10000 元以上的数据的操作步骤如下：

（1）在与数据区域不相邻的区域中设置筛选条件，例如 J1:K3 单元格区域。本例的筛选条件是博士的工资大于 10000 和硕士的工资大于 10000，两个条件之间满足其一即可，所以将两个条件输入到条件区域中的两行，如图 4-20 所示。

J	K
学历	工资
博士	>10000
硕士	>10000

图 4-20　设置筛选条件

（2）选择数据区域中的任意一个单元格，然后在功能区的【数据】选项卡中单击【高级】按钮，如图 4-21 所示。

图 4-21　单击【高级】按钮

（3）打开【高级筛选】对话框，在【列表区域】文本框中自动填入数据区域的地址。在【条件区域】文本框中输入条件区域的地址$J$1:$K$3，也可以在工作表中选择该区域以将其自动填入【条件区域】文本框，如图 4-22 所示。

图 4-22　设置数据区域和条件区域

（4）单击【确定】按钮，将使用条件区域中的条件筛选数据，如图 4-23 所示。

	A	B	C	D	E	F	G
1	员工编号	姓名	性别	年龄	学历	部门	工资
5	DL004	艾锦铭	男	36	博士	销售部	12100
10	DL009	陆幼彤	男	27	博士	工程部	14600
18	DL017	杨英睿	男	38	硕士	人力部	11700
19	DL018	蕙群	女	36	硕士	财务部	13200
20	DL019	温亚妃	男	50	博士	技术部	12700
24	DL023	鲜幽君	男	30	博士	技术部	13600
37	DL036	蒲菁芙	男	50	硕士	技术部	11800
41	DL040	蒋亦	男	52	博士	财务部	13100
42	DL041	脊尼	女	30	博士	销售部	13400
43	DL042	游浓	女	46	硕士	工程部	12400
48	DL047	葡慧	女	33	博士	人力部	14300
50	DL049	乐纤允	男	36	博士	技术部	11400

图 4-23　筛选结果

4.4 分 类 汇 总 数 据

分类汇总是按照数据的类别进行分组统计的一种计算方式，分类汇总不仅可以对数据求和，还可以计数、求平均值、求最大值或最小值等。使用 Excel 中的"分类汇总"功能可以汇总一类或多类数据，汇总前需要先对作为分类依据的数据排序。

4.4.1 汇总单类数据

如图 4-24 所示，汇总各个部门的工资总额的操作步骤如下：

	A	B	C	D	E	F	G
1	员工编号	姓名	性别	年龄	学历	部门	工资
2	DL007	汪个	男	30	大本	财务部	9800
3	DL013	章庭	男	46	大专	财务部	12600
4	DL018	葛鏊	女	36	硕士	财务部	13200
5	DL024	闵醉薇	女	35	大本	财务部	14300
6	DL029	童墳	女	25	大本	财务部	9700
7	DL040	蒋亦	男	52	硕士	财务部	13100
8	DL043	田柯成	女	51	高中	财务部	9100
9						财务部 汇总	81800
10	DL001	云佗	男	39	高中	工程部	7400
11	DL002	郦馨莲	男	35	大本	工程部	13000
12	DL009	陆幼彤	男	27	博士	工程部	14600
13	DL020	敖帛	男	41	大本	工程部	7800
14	DL025	元富	男	38	大专	工程部	13900
15	DL042	游淞	女	46	硕士	工程部	12400
16	DL046	宁恨瑶	女	36	博士	工程部	8700
17						工程部 汇总	77800
18	DL003	蓟冲	女	42	硕士	技术部	8000
19	DL005	郜雁烟	男	41	博士	技术部	7600
20	DL010	祝体	男	36	博士	技术部	6700
21	DL012	杨惟	女	45	大本	技术部	11300
22	DL014	施芊怪	女	35	硕士	技术部	9700
23	DL016	陈诗夏	女	43	大本	技术部	7200
24	DL019	温亚妃	男	50	博士	技术部	12700
25	DL022	翟夙	男	26	硕士	技术部	6500

图 4-24 汇总单类数据

（1）选择"部门"列中的任意一个数据单元格，然后在功能区的【数据】选项卡中单击【升序】按钮，对部门名称进行排序。

（2）在功能区的【数据】选项卡中单击【分类汇总】按钮，如图 4-25 所示。

（3）打开【分类汇总】对话框，进行以下设置，如图 4-26 所示。

1）将【分类字段】设置为【部门】。

图 4-25 单击【分类汇总】按钮

2）将【汇总方式】设置为【求和】。

3）在【选定汇总项】列表框中选中【工资】复选框。

4）选中【替换当前分类汇总】和【汇总结果显示在数据下方】两个复选框。

图 4-26 设置分类汇总选项

（4）单击【确定】按钮，将汇总各个部门的工资总额。单击数据区域左侧的-
按钮，可以隐藏明细数据，只显示汇总数据，如图 4-27 所示。

部门	工资
财务部 汇总	81800
工程部 汇总	77800
技术部 汇总	134300
人力部 汇总	90100
销售部 汇总	132500
总计	516500

图 4-27 只显示汇总数据而隐藏明细数据

4.4.2 汇总多类数据

汇总多类数据的方法与汇总单类数据类似，只是需要先对多个类别进行多条件排序，然后再进行汇总。对于本章示例数据来说，汇总各个部门以及每个部门中不同学历的工资总额的操作步骤如下：

（1）选择数据区域中的任意一个单元格，然后在功能区的【数据】选项卡中单击【排序】按钮，打开【排序】对话框，进行以下设置，如图 4-28 所示。

1）将【主要关键字】设置为【部门】，将【排序依据】设置为【数值】，将【次序】设置为【升序】。

2）单击【添加条件】按钮，然后将【次要关键字】设置为【学历】，将【排序依据】设置为【数值】，将【次序】设置为【自定义序列】，接着选择本章 4.2.2 小节使用过的学历序列。

图 4-28　设置多条件排序

（2）单击【确定】按钮，按照部门和学历排序数据，如图 4-29 所示。

（3）在功能区的【数据】选项卡中单击【分类汇总】按钮，打开【分类汇总】对话框，先设置第一次分类汇总的选项，与上一小节的设置相同。单击【确定】按钮，汇总各个部门的工资总额，如图 4-30 所示。

（4）再次打开【分类汇总】对话框，进行以下设置，如图 4-31 所示。

1）将【分类字段】设置为【学历】。

图 4-29　按照部门和学历排序数据

图 4-30　汇总各个部门的工资总额

2）将【汇总方式】设置为【求和】。

3）在【选定汇总项】列表框中选中【工资】复选框。

4）取消选中【替换当前分类汇总】复选框。

（5）单击【确定】按钮，进行第二次分类汇总，此次是在各个部门内部按照学历汇总工资总额，如图 4-32 所示。

图 4-31　设置第二次分类汇总

1 2 3 4		A	B	C	D	E	F	G
	1	员工编号	姓名	性别	年龄	学历	部门	工资
	2	DL018	葛嵚	女	36	硕士	财务部	13200
	3	DL040	蒋亦	男	52	硕士	财务部	13100
	4					硕士 汇总		26300
	5	DL007	汪个	男	30	大本	财务部	9800
	6	DL024	闵醉薇	女	35	大本	财务部	14300
	7	DL029	童墳	女	25	大本	财务部	9700
	8					大本 汇总		33800
	9	DL013	章疤	男	46	大专	财务部	12600
	10					大专 汇总		12600
	11	DL043	田柯成	女	51	高中	财务部	9100
	12					高中 汇总		9100
	13						财务部 汇总	81800
	14	DL009	陆幼彤	男	27	博士	工程部	14600
	15	DL046	宁恨瑶	女	36	博士	工程部	8700
	16					博士 汇总		23300
	17	DL042	游淞	女	46	硕士	工程部	12400
	18					硕士 汇总		12400
	19	DL002	郦馨莲	男	35	大本	工程部	13000
	20	DL020	敖帛	男	41	大本	工程部	7800
	21					大本 汇总		20800

图 4-32　第二次分类汇总

4.4.3　删除分类汇总

如需删除分类汇总数据和用于控制明细数据显示状态的符号，需要选择包含分类汇总的数据区域中的任意一个单元格，然后在功能区的【数据】选项卡中单击

【分类汇总】按钮，在打开的【分类汇总】对话框中单击【全部删除】按钮。

如果只想删除用于控制明细数据显示状态的符号，则可以在功能区的【数据】选项卡中单击【取消组合】按钮上的下拉按钮，然后在弹出的菜单中选择【清除分级显示】命令，如图 4-33 所示。

图 4-33　选择【清除分级显示】命令

第 5 章
使用数据透视表
分析数据

如果希望在不使用任何公式和函数的情况下，就能快速创建出汇总大量数据并可灵活改变分析视角的业务报表，那么 Excel 中的数据透视表无疑是最佳选择。简单来说，只要对数据有汇总和统计方面的需求，都可以使用数据透视表来完成。本章将介绍创建和设置数据透视表，以及多角度透视数据的方法。

5.1　创建和设置数据透视表

可以使用多种来源的数据创建数据透视表，包括一个或多个工作表中的数据、现有的数据透视表、文本文件、Access 数据库、SQL Server 数据库等。对创建数据透视表的数据结构的要求与第 4 章相同，必须是数据列表的形式，并且数据区域中不能有空单元格。如果存在空单元格，则需要使用 0 填充所有空单元格。本节将介绍使用几种不同的数据结构和来源创建数据透视表的方法，以及创建数据透视表后的一些常用设置。

5.1.1　数据透视表的组成结构

数据透视表从整体上分为 4 个部分：行区域、列区域、值区域、报表筛选区域。

1．行区域

行区域位于数据透视表的左侧，添加到该区域中的字段是行字段，字段中的每项数据呈纵向排列。如图 5-1 所示，行区域中只有名为"学历"的字段，其下方显示的各个学历名称是该字段的数据项。如果行区域中有多个字段，则它们可能会压缩排列在同一列或依次显示在多列中，具体形式由 5.1.6 小节中的设置决定。

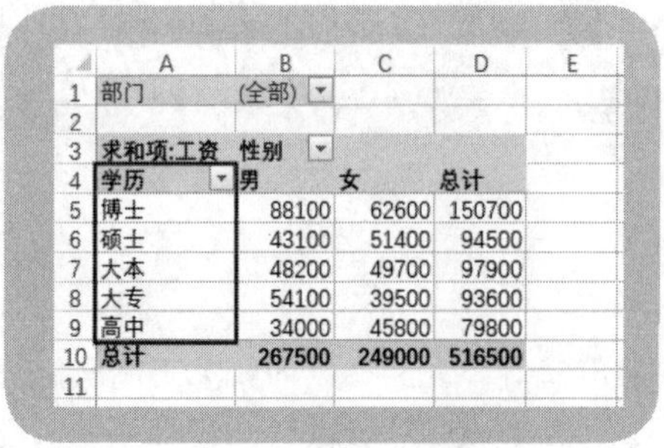

图 5-1　行区域

2．列区域

列区域位于数据透视表的顶部，添加到该区域中的字段是列字段，字段中的每一项数据呈横向排列，如图 5-2 所示。

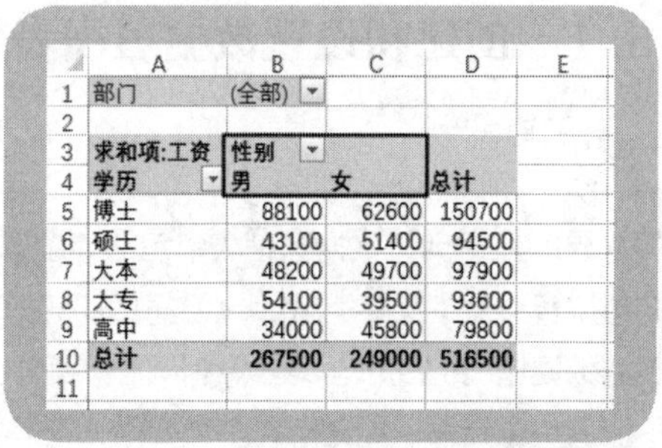

图 5-2　列区域

3．值区域

行区域和列区域包围起来的区域是值区域，添加到该区域中的字段是值字段，该类字段位于行字段和列字段的交叉处，如图 5-3 所示。值区域中的每项数据是根据行区域和列区域中相应位置上的数据作为筛选条件并进行汇总后的计算结果。例如，B5 单元格中的 88100 表示的是所有部门中的男性博士的工资总和。

4．报表筛选区域

报表筛选区域位于数据透视表的最上方，添加到该区域中的字段是报表筛选字段，如图 5-4 所示。每个报表筛选字段都有一个下拉按钮，单击该按钮可以从下拉列表中选择字段中的数据项，从而筛选整个数据透视表中的数据，如图 5-5 所示。

	A	B	C	D	E
1	部门	(全部) ▼			
2					
3	求和项:工资	性别 ▼			
4	学历 ▼	男	女	总计	
5	博士	88100	62600	150700	
6	硕士	43100	51400	94500	
7	大本	48200	49700	97900	
8	大专	54100	39500	93600	
9	高中	34000	45800	79800	
10	总计	267500	249000	516500	
11					

图 5-3　值区域

	A	B	C	D	E
1	部门	(全部) ▼			
2					
3	求和项:工资	性别 ▼			
4	学历 ▼	男	女	总计	
5	博士	88100	62600	150700	
6	硕士	43100	51400	94500	
7	大本	48200	49700	97900	
8	大专	54100	39500	93600	
9	高中	34000	45800	79800	
10	总计	267500	249000	516500	
11					

图 5-4　报表筛选区域

图 5-5　报表筛选字段的下拉列表

5.1.2　使用单个工作表中的数据创建数据透视表

创建数据透视表最简单的一种情况是数据位于单个工作表中，且是一个独立的数据区域。使用这种数据创建数据透视表的操作步骤如下：

（1）单击数据区域中的任意一个单元格，然后在功能区的【插入】选项卡中单击【数据透视表】按钮，如图 5-6 所示。

图 5-6　单击【数据透视表】按钮

（2）打开【创建数据透视表】对话框，在【表/区域】文本框中自动填入数据区域的地址，本例是 A1:G51，如图 5-7 所示。如果地址有误，可以在工作表中重新选择数据区域，选择后的地址会自动替换原来的地址。

图 5-7　【创建数据透视表】对话框

（3）在【创建数据透视表】对话框的下方可以选择将数据透视表创建到哪里，选中【新工作表】单选钮将创建到一个新建的工作表中，选中【现有工作表】单选钮将创建到一个现有的工作表中，此时需要选择数据透视表左上角的位置。

（4）单击【确定】按钮，将在上一步选择的位置创建一个空白的数据透视表，并自动打开【数据透视表字段】窗格，其中包含原始数据表中的各列标题，此时将这些标题称为字段，每个字段代表表中的一列数据，如图 5-8 所示。

图 5-8　创建一个空白的数据透视表

（5）为了在数据透视表中显示有意义的汇总结果，需要将【数据透视表字段】窗格中的字段添加到下方的 4 个列表框中，这些列表框对应于数据透视表的 4 个区域。将各个字段添加到不同区域，可以得到不同的数据汇总结果。例如，将"部门"字段拖动到【行】列表框，将"性别"字段拖动到【列】列表框，将"工资"字段拖动到【值】列表框，得到的是一个汇总各个部门男、女员工工资总额的报表，如图 5-9 所示。

5.1.3　使用多个工作表中的数据创建数据透视表

比较常见但是更加复杂的情况是，要分析的数据位于一个工作表的多个独立区域中或一个工作簿的多个工作表中。在 Excel 中可以为这种非连续数据区域创建数据透视表，但是各个独立的数据区域必须具有相同的结构，即每个数据区域中的列标题、列中的数据类型以及列的排列次序都相同，数据区域包含的行数可以不同。使用这种数据结构创建数据透视表时，每个数据区域会变成报表筛选字段中的一项，通过在报表筛选字段中选择特定的项，可以查看各个数据区域的汇总结果。

图 5-9　创建有意义的报表

下面以为多个工作表中的数据创建数据透视表为例，操作步骤如下：

（1）打开包含这些工作表的工作簿，依次按 Alt、D、P 键，打开【数据透视表和数据透视图向导】对话框，选中【多重合并计算数据区域】和【数据透视表】单选钮，然后单击【下一步】按钮，如图 5-10 所示。

（2）进入如图 5-11 所示的界面，选中【自定义页字段】单选钮，然后单击【下一步】按钮。

 注意

依次按 Alt、D、P 三个键，是指按下一个键之前，需要先松开上一个键。

图 5-10 【数据透视表和数据透视图向导】对话框

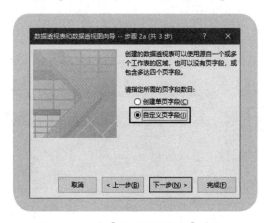

图 5-11 选中【自定义页字段】单选钮

（3）进入如图 5-12 所示的界面，在该界面中需要将多个工作表中的数据添加到【所有区域】列表框中，本例中的数据位于 3 个工作表中。然后还需要在下方为每个区域设置一个易于识别的名称，本例将每个区域的名称设置为对应的工作表名称，这些名称在数据透视表中将作为筛选字段中的项。

（4）单击【选定区域】文本框内部，然后在 Excel 窗口中单击"一季度"工作表标签，选择其中的数据区域 A1:C10，将该区域的地址添加到【选定区域】文本框中，如图 5-13 所示。

图 5-12　准备合并多个工作表中的数据

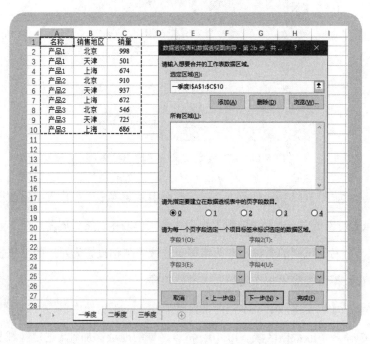

图 5-13　选择第一个工作表中的数据区域

（5）单击【添加】按钮，将选中的数据区域添加到【所有区域】列表框中，如图 5-14 所示。

图 5-14　添加第一个工作表中的数据区域

（6）重复第 4～5 步操作，将其他两个工作表中的数据区域添加到【所有区域】列表框中，如图 5-15 所示。

图 5-15　添加其他两个工作表中的数据区域

（7）接下来需要分别为已添加的 3 个数据区域设置一个名称。在【所有区域】中选择以"一季度"开头的选项，然后在下方选中【1】单选钮，再在【字段 1】文本框中输入"一季度"，如图 5-16 所示。

图 5-16　为第一个数据区域设置名称

（8）重复上一步操作，为【所有区域】列表框中的其他两项分别设置"二季度"和"三季度"两个名称，然后单击【下一步】按钮。

（9）进入如图 5-17 所示的界面，选择将数据透视表创建到哪个位置，然后单击【完成】按钮，将在目标位置创建数据透视表，如图 5-18 所示。

图 5-17　选择创建数据透视表的位置

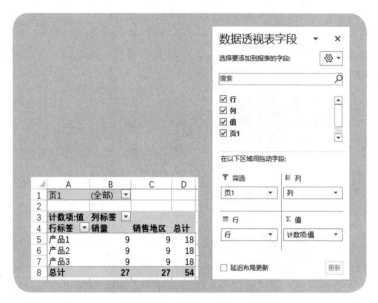

图 5-18 创建的数据透视表

创建的数据透视表中的各个字段的名称难以理解，为了获得含义清晰的报表，需要对该数据透视表做以下调整：

（1）右键单击【计数项:值】，在弹出的菜单中选择【值汇总依据】→【求和】命令，将销量的汇总方式改为求和，如图 5-19 所示。

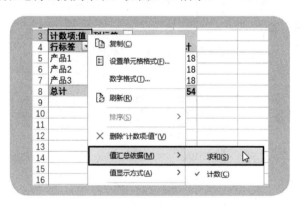

图 5-19 将销量的汇总方式改为求和

（2）单击【列标签】右侧的下拉按钮，在打开的列表中取消选中【销售地区】复选框，然后单击【确定】按钮，如图 5-20 所示。

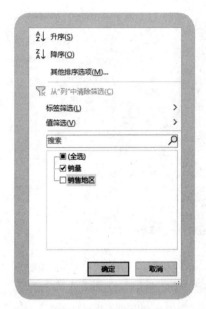

图 5-20　取消选中【产地】复选框

（3）选择【页1】，然后输入"季度"。然后在功能区的【设计】选项卡中单击【总计】按钮，在弹出的菜单中选择【仅对列启用】选项，将隐藏每行的总计。

完成后的数据透视表如图 5-21 所示，单击【季度】右侧的下拉按钮，在打开的列表中将显示前面步骤创建的 3 个季度的名称，选择它们可以分别显示各个季度的汇总数据，如图 5-22 所示。

图 5-21　修改完成的数据透视表

5.1.4　使用外部数据创建数据透视表

如果用于创建数据透视表的数据是由其他程序创建的，则可以在 Excel 中直接使用这类数据创建数据透视表。下面以使用文本文件中的数据创建数据透视表为例，操作步骤如下：

图 5-22　分别查看各个季度的汇总数据

（1）使用与 2.1.1 小节相同的方法，在功能区的【数据】选项卡中单击【从文本/CSV】按钮，在 Excel 中导入本例中的文本文件。

（2）当显示如图 5-23 所示的对话框时，不要直接单击【加载】按钮，而是单击该按钮右侧的下拉按钮，在弹出的菜单中选择【加载到】命令。

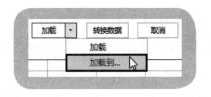

图 5-23　选择【加载到】命令

（3）打开【导入数据】对话框，选中【数据透视表】单选钮，并在下方选择创建数据透视表的位置，本例选择创建到当前工作表中，如图 5-24 所示。

（4）单击【确定】按钮，将在指定位置上创建数据透视表，然后将字段添加到指定的列表框中，即可在数据透视表中显示汇总后的数据。

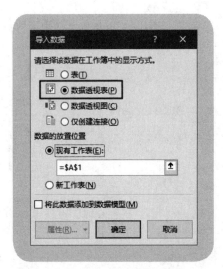

图 5-24　选中【数据透视表】单选钮

5.1.5　重命名字段

创建数据透视表后，可以修改数据透视表中的字段名称，使报表含义更清晰易读。尤其在使用多个工作表中的数据创建的数据透视表中，各个字段以"行""列""值"等文字显示，其含义无法理解，此时就需要修改字段的名称。另一方面，数据透视表中的值字段的名称开头通常带有"求和项"或"计数项"之类的前缀，为了使字段名称更简洁，可以删除这些前缀。

修改字段名称的最直接方法是在数据透视表中选择一个字段，然后输入新的名称，再按 Enter 键。还可以根据字段类型的不同使用以下两种方法修改字段的名称：

（1）**修改值字段的名称**：在数据透视表中右键单击值区域中的任意一项，然后在弹出的菜单中选择【值字段设置】命令，在打开的对话框中修改字段的名称，最后单击【确定】按钮，如图 5-25 所示。

（2）**修改行字段、列字段和报表筛选字段的名称**：在数据透视表中右键单击行区域、列区域或报表筛选区域中的任意一项，然后在弹出的菜单中选择【字段设置】命令，在打开的对话框中修改字段的名称，最后单击【确定】按钮，如图

5-26 所示。

图 5-25 修改值字段的名称

图 5-26 修改字段的名称

> **注意**
>
> 修改值字段的名称后，该字段在【数据透视表字段】窗格中仍然显示为修
> 改前的名称。如果从数据透视表中删除该字段并再次将其添加到数据透视
> 表中，则仍会显示其默认名称而非之前修改过的名称。修改行字段、列字
> 段和报表筛选字段的名称则不存在这种问题，并且这些字段会在【数据透
> 视表字段】窗格中显示修改后的名称。

5.1.6 更改数据透视表的字段显示方式

当数据透视表的行区域中包含多个字段时，可以在功能区的【设计】选项卡中
单击【报表布局】按钮，然后在弹出的菜单中选择以下 3 个选项之一，从而改变行
区域中的多个字段的显示方式。

（1）**以压缩形式显示**：将所有行字段以逐层缩进的格式显示在同一列中，创建
数据透视表时默认以该形式显示，如图 5-27 所示。

3	求和项:工资	列标签		
4	行标签	男	女	总计
5	⊟财务部	35500	46300	81800
6	硕士	13100	13200	26300
7	大本	9800	24000	33800
8	大专	12600		12600
9	高中		9100	9100
10	⊟工程部	56700	21100	77800
11	博士	14600	8700	23300
12	硕士		12400	12400
13	大本	20800		20800
14	大专	13900		13900
15	高中	7400		7400
16	⊟技术部	83900	50400	134300
17	博士	52000		52000
18	硕士	18300	17700	36000

图 5-27　以压缩形式显示

（2）**以大纲形式显示**：将所有行字段以逐层缩进的格式依次排列在多列中，
每个行字段占用一列并在顶部显示字段名称，如图 5-28 所示。

（3）**以表格形式显示**：与大纲形式类似，唯一区别是外部行字段中的每一项与
其下属的所有内部行字段中的第一项排列在同一行，如图 5-29 所示。

3	求和项:工资		性别		
4	部门	学历	男	女	总计
5	财务部		35500	46300	81800
6		硕士	13100	13200	26300
7		大本	9800	24000	33800
8		大专	12600		12600
9		高中		9100	9100
10	工程部		56700	21100	77800
11		博士	14600	8700	23300
12		硕士		12400	12400
13		大本	20800		20800
14		大专	13900		13900
15		高中	7400		7400
16	技术部		83900	50400	134300
17		博士	52000		52000
18		硕士	18300	17700	36000

图 5-28 以大纲形式显示

3	求和项:工资		性别		
4	部门	学历	男	女	总计
5	财务部	硕士	13100	13200	26300
6		大本	9800	24000	33800
7		大专	12600		12600
8		高中		9100	9100
9	财务部 汇总		35500	46300	81800
10	工程部	博士	14600	8700	23300
11		硕士		12400	12400
12		大本	20800		20800
13		大专	13900		13900
14		高中	7400		7400
15	工程部 汇总		56700	21100	77800
16	技术部	博士	52000		52000
17		硕士	18300	17700	36000
18		大本		18500	18500

图 5-29 以表格形式显示

5.1.7 刷新数据透视表

在修改用于创建数据透视表的原始数据之后，可以在数据透视表中执行刷新操作，从而在数据透视表中反映出数据的最新修改结果。刷新数据透视表有以下几种方法：

（1）右键单击数据透视表中的任意一个单元格，在弹出的菜单中选择【刷新】命令，如图 5-30 所示。

（2）选择数据透视表中的任意一个单元格，然后在功能区的【数据透视表分析】选项卡中单击【刷新】按钮，如图 5-31 所示。也可以直接按 Alt+F5 组合键。

如需在每次打开包含数据透视表的工作簿时自动刷新数据，可以右键单击数据透视表中的任意一个单元格，在弹出的菜单中选择【数据透视表选项】命令，打开

【数据透视表选项】对话框，然后在【数据】选项卡中选中【打开文件时刷新数据】

复选框，最后单击【确定】按钮，如图 5-32 所示。

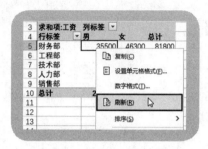

图 5-30　选择【刷新】命令

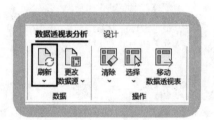

图 5-31　单击【刷新】按钮

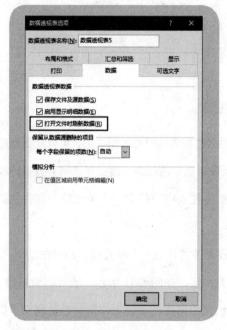

图 5-32　选中【打开文件时刷新数据】复选框

> **注意**
>
> 如果修改了原始数据的范围，使用上述方法将无法获取数据的最新范围，此时必须在功能区的【数据透视表分析】选项卡中单击【更改数据源】按钮。打开如图 5-33 所示的对话框，然后单击【表/区域】文本框右侧的 ↑ 按钮，重新选择用于创建数据透视表的数据区域的范围，最后单击【确定】按钮。

图 5-33　更改创建数据透视表的原始数据的范围

5.2　多角度透视数据

创建数据透视表后，可以灵活调整字段在数据透视表中的位置、设置数据的汇总和计算方式、以特定分组观测数据，还可以根据数据透视表中的现有数据执行新的计算任务。

5.2.1　调整字段布局

为了满足不同的分析需求，可以随时调整在数据透视表中包含哪些字段以及各个字段的位置。【数据透视表字段】窗格是操作字段的常用且主要的工具，创建数据透视表后默认会自动打开该窗格，如果未打开该窗格，则可以在功能区的【数据透视表分析】选项卡中单击【字段列表】按钮，如图 5-34 所示。

图 5-34 手动打开【数据透视表字段】窗格

在【数据透视表字段】窗格中将一个字段拖动到下方的任意一个列表框中，即可将该字段添加到数据透视表的相应区域中。如需从某个区域中删除字段，可以在【数据透视表字段】窗格中取消选中该字段的复选框，或者将该字段拖出其所在的列表框，当显示一个叉子时，释放鼠标按键即可，如图 5-35 所示。

图 5-35 将字段拖出列表框以将其删除

如需将字段从一个区域移动到另一个区域，只需将该字段从当前列表框拖动到另一个列表框中即可。还可以使用鼠标快捷菜单来移动和删除字段，在【数据透视表字段】窗格下方的列表中单击一个字段，然后在弹出的菜单中选择要执行的操作，如图 5-36 所示。

5.2.2 设置数据的汇总方式

创建数据透视表后，根据用户在报表筛选区域、行区域和列区域中添加的字段，Excel 会自动对值区域中的数据进行汇总。默认对数值型数据进行求和，对文本型数据统计数量。

如需更改数据的汇总方式，可以右键单击值区域中的任意一项数据，在弹出的菜单中选择【值汇总依据】命令，然后在子菜单中选择所需的汇总方式，如图 5-37 所示。

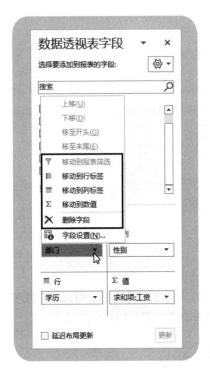

图 5-36 使用鼠标快捷菜单移动和删除字段

图 5-37 更改数据的汇总方式

如图 5-38 所示，将值区域中的工资数据由求和改为计数后，现在显示的是所有部门不同学历的男、女员工人数。

	A	B	C	D	E
1	部门	(全部)			
2					
3	计数项:工资	性别			
4	学历	男	女	总计	
5	博士	8	6	14	
6	硕士	4	5	9	
7	大本	5	5	10	
8	大专	5	4	9	
9	高中	3	5	8	
10	总计	25	25	50	
11					

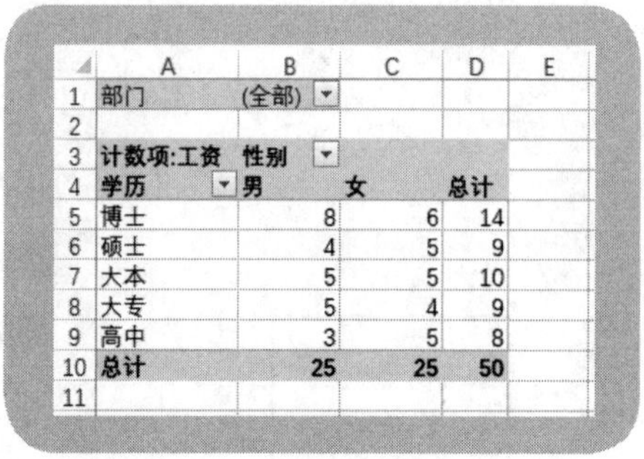

图 5-38　将求和改为计数后可以统计人数

提示

选择图 5–37 中的【其他选项】命令，可以在【值字段设置】对话框的【值汇总方式】选项卡中选择更多的汇总方式。

5.2.3　设置数据的计算方式

值区域中的数据的计算方式默认为“无计算”，此时 Excel 会根据数据的类型，简单地对数据进行求和或计数等汇总计算。如果对数据有更多的分析需求，例如男女员工人数的占比，则可以为值区域中的数据选择其他计算方式。

右键单击值区域中的任意一项数据，在弹出的菜单中选择【值显示方式】命令，然后在子菜单中选择一种计算方式，如图 5-39 所示。如图 5-40 所示是将计算方式设置为【列汇总的百分比】后，男、女员工不同学历的人数比例。

表 5-1 列出了值显示方式包含的选项及其说明。

表 5-1　值显示方式包含的选项及其说明

值显示方式	说　　明
无计算	值字段中的数据按原始状态显示，不进行任何特殊计算
总计的百分比	值字段中的数据显示为每个数值占其所在行和所在列的总和的百分比
列汇总的百分比	值字段中的数据显示为每个数值占其所在列的总和的百分比
行汇总的百分比	值字段中的数据显示为每个数值占其所在行的总和的百分比

值显示方式	说　　明
百分比	以选择的参照项作为 100%，其他项基于该项的百分比
父行汇总的百分比	数据透视表包含多个行字段时，以父行汇总为 100%，计算每个值的百分比
父列汇总的百分比	数据透视表包含多个列字段时，以父列汇总为 100%，计算每个值的百分比
父级汇总的百分比	某项数据占父级总和的百分比
差异	值字段与指定的基本字段和基本项之间的差值
差异百分比	值字段显示为与指定的基本字段之间的差值百分比
按某一字段汇总	基于选择的某个字段进行汇总
按某一字段汇总的百分比	值字段显示为指定的基本字段的汇总百分比
升序排列	值字段显示为按升序排列的序号
降序排列	值字段显示为按降序排列的序号
指数	使用以下公式进行计算：[（单元格的值）×（总体汇总之和）] / [（行汇总）×（列汇总）]

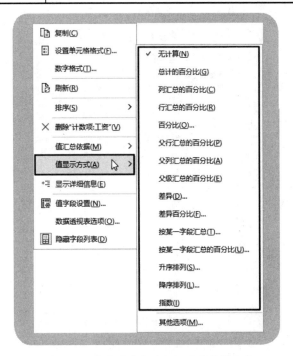

图 5-39　为值区域中的数据设置计算方式

图 5-40　显示男、女员工不同学历的人数比例

5.2.4　为数据分组

为了便于观察和分析数据的分布，有时需要将一系列同类数据分成若干组。在数据透视表中可以为文本、数值或日期进行分组。如果数据透视表中包含日期类型的字段，则会自动为其分组。

为数值分组时，需要指定起始值、终止值和步长值。如图 5-41 所示，在数据透视表中显示了各个年龄的男、女员工人数。

	A	B	C	D	E
1	部门	(全部)			
2					
3	计数项:员工编号	性别			
4	年龄	男	女	总计	
5	25		3	3	
6	26	1		1	
7	27	1	1	2	
8	28	1	1	2	
9	30	3	1	4	
10	32	1	1	2	
11	33		3	3	
12	35	1	3	4	
13	36	3	2	5	
14	37	1		1	
15	38	2		2	
16	39	1		1	
17	40	1	1	2	
18	41	2		2	
19	42		1	1	
20	43		2	2	
21	44		1	1	
22	45		2	2	
23	46	1	1	2	
24	50	3		3	
25	51	1	2	3	
26	52	1		1	
27	53	1		1	
28	总计	25	25	50	
29					

图 5-41　显示各个年龄的男、女员工人数

如需将所有年龄按照年龄段分组，便于分析各个年龄段的男、女员工人数，此时可以右键单击"年龄"字段中的任意一项，在弹出的菜单中选择【组合】命令，打开如图 5-42 所示的对话框。由于本例中的最小年龄是 25，最大年龄是 53，所以将年龄段分为以下几组：20~29、30~39、40~49 和 50~59。为此，需要在【组合】对话框中进行以下设置：

（1）将【起始于】设置为【20】。

（2）将【终止于】设置为【59】。

（3）将【步长】设置为【10】。

图 5-42 设置分组选项

设置完成后，单击【确定】按钮，将显示年龄段的人数统计结果，如图 5-43 所示。

▲	A	B	C	D	E
1	部门	(全部) ▼			
2					
3	计数项:员工编号	性别 ▼			
4	年龄 ▼	男	女	总计	
5	20-29	3	5	8	
6	30-39	12	10	22	
7	40-49	4	8	12	
8	50-59	6	2	8	
9	总计	25	25	50	
10					

图 5-43 按照年龄段统计员工人数

提示

> 与数值不同，为文本分组时无法由 Excel 自动完成，而必须由用户在数据透视表中通过拖动字段中的数据项来手动完成分组。

5.2.5 添加新的计算指标

可以根据数据透视表中的现有数据，添加新的计算，从而满足不同的分析需求。在数据透视表中添加新的计算有两种方式：计算字段和计算项，它们有以下特点。

（1）创建的计算字段将显示在【数据透视表字段】窗格中，但是不会出现在数据源中，只能将计算字段添加到值区域中，或是从该区域中删除。

（2）创建的计算项自动显示在其所属的字段中，可以通过筛选操作隐藏计算项。

（3）在计算字段和计算项的公式中不能使用单元格引用和定义的名称。

（4）当不再需要计算字段和计算项，可以将它们彻底删除。

1．创建计算字段

如图 5-44 所示，当前显示的是各个部门所有员工的月工资总和。如需显示各个部门所有员工的年工资总和，需要创建一个计算字段，操作步骤如下：

	A	B	C
1	性别	(全部)	
2			
3	部门	求和项:工资	
4	财务部	81800	
5	工程部	77800	
6	技术部	134300	
7	人力部	90100	
8	销售部	132500	
9	总计	516500	
10			

图 5-44　各个部门所有员工的月工资总和

（1）选择数据透视表中的任意一个单元格，然后在功能区的【数据透视表分析】选项卡中单击【字段、项目和集】按钮，在弹出的菜单中选择【计算字段】命令，如图 5-45 所示。

（2）打开【插入计算字段】对话框，进行以下设置，如图 5-46 所示。

1）在【名称】文本框中输入“年薪”。

2）将【公式】文本框中的 0 删除，然后双击【字段】列表框中的【工资】，将其添加到【公式】文本框中的等号右侧。再接着输入“*12”。为了具有清晰的显示效果，可以在符号和数字之间添加一个空格。

图 5-45 选择【计算字段】命令

图 5-46 设置计算字段

（3）单击【确定】按钮，将创建名为"年薪"的计算字段，并自动将其添加到数据透视表的值区域中，如图 5-47 所示。

2．创建计算项

如需在上一个示例的基础上，分析技术部与工程部的工资差异情况，需要创建一个计算项，操作步骤如下：

图 5-47　在数据透视表中显示计算字段中的数据

（1）在数据透视表中单击"部门"字段中的任意一项，然后在功能区的【数据透视表分析】选项卡中单击【字段、项目和集】按钮，在弹出的菜单中选择【计算项】命令。

（2）打开如图 5-48 所示的对话框，设置一个有意义的名称，然后在【公式】文本框中输入以下公式：

= 技术部 – 工程部

图 5-48　设置计算项

（3）单击【确定】按钮，将在"部门"字段中增加刚创建的计算项，如图 5-49 所示。可以该项拖动到"部门"字段中的适当位置，如图 5-50 所示。

	A	B	C	D
1	性别	(全部)		
2				
3	部门	求和项:工资	求和项:年薪	
4	财务部	81800	981600	
5	工程部	77800	933600	
6	技术部	134300	1611600	
7	人力部	90100	1081200	
8	销售部	132500	1590000	
9	技术部与工程部的工资差异	56500	678000	
10	总计	573000	6876000	
11				

图 5-49　在数据透视表中显示计算项

	A	B	C	D
1	性别	(全部)		
2				
3	部门	求和项:工资	求和项:年薪	
4	财务部	81800	981600	
5	工程部	77800	933600	
6	技术部	134300	1611600	
7	技术部与工程部的工资差异	56500	678000	
8	人力部	90100	1081200	
9	销售部	132500	1590000	
10	总计	573000	6876000	
11				

图 5-50　调整计算项的位置

可以随时修改或删除已创建的计算字段和计算项，只需打开创建计算字段或计算项时的对话框，在【名称】下拉列表中选择要修改或删除的计算字段或计算项，然后进行所需的修改，再单击【修改】按钮。单击【删除】按钮将删除选中的计算字段或计算项。

5.2.6　数据切片

数据切片是指快速筛选数据透视表中的数据，以便显示想要重点观察的数据。使用“切片器”功能可以使这项操作变得更加方便快捷。每个切片器对应于数据透视表中的一个字段，在切片器中包含该字段中的所有数据项，在切片器中选择或取消选择数据项时，将同步筛选数据透视表中的数据。

如需为数据透视表创建切片器，需要选择数据透视表中的任意一个单元格，然后在功能区的【数据透视表分析】选项卡中单击【插入切片器】按钮，如图 5-51 所示。

图 5-51　单击【插入切片器】按钮

打开【插入切换器】对话框，选择要为哪些字段创建切片器，如图 5-52 所示。单击【确定】按钮，将为选中的一个或多个字段创建切片器，如图 5-53 所示。

图 5-52　选择要创建切片器的字段

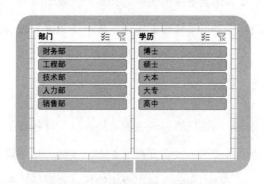

图 5-53　为选中的字段创建切片器

在切片器中选中一项或多项时，表示这些项对应的数据当前正显示在数据透视表中，未选中的项所对应的数据不会显示在数据透视表中。默认只能在每个切片器中选择一项，如需同时选择多项，需要单击切片器顶部的 按钮，然后才能选择多项，有以下几种方法：

（1）逐个单击要选择的每一项。

（2）单击一项后，按住 Shift 键再单击另一项，将选中这两项之间且包括这两项在内的所有项。

（3）单击已选中的项，将取消该项的选中状态。如果当前只选中一项且单击该项，则会选中切片器中的所有项。

如图 5-54 所示，使用切片器筛选数据透视表中的数据。

图 5-54 使用切片器筛选数据透视表中的数据

清除切片器对数据透视表的筛选状态有以下两种方法：

（1）单击切片器右上角的 按钮。

（2）右键单击切片器，在弹出的菜单中选择【从……中清除筛选器】命令，省略号表示字段的名称，如图 5-55 所示。

如需对切片器进行设置，可以从上图菜单中选择【切片器设置】命令，然后在【切片器设置】对话框中进行设置，如图 5-56 所示。

将切片器彻底删除有以下两种方法：

（1）选择切片器，然后按 Delete 键。

（2）右键单击切片器，在弹出的菜单中选择【删除……】命令，省略号表示切片器顶部的标题。

图 5-55　选择【从……中清除筛选器】命令

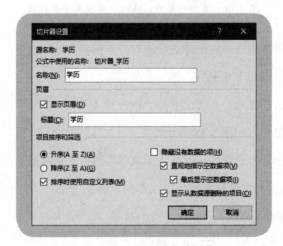

图 5-56　设置切片器

虽然使用前几章介绍的工具可以完成很多数据分析任务，但是想要发挥 Excel 更强大、更灵活的数据计算和处理能力，掌握公式和函数的使用方法是必不可少的。有关 Excel 公式和函数方面的内容足以用一本书进行介绍，由于本书篇幅有限，本章将介绍公式和函数中相对重要和常用的内容，包括公式和函数的基础知识和基本操作，以及文本函数、数学函数、统计函数、日期函数在实际中的应用。

6.1 公式和函数快速入门

本节将从整体上介绍在 Excel 中使用公式和函数所需了解的基础知识，这些内容适用于任何公式和函数。

6.1.1 公式的组成

在 Excel 中，每个公式都以等号开始，在等号的右侧输入公式的内容。下面是几个公式的示例：

```
=(A1+A2)*10
=SUM(A1:A3)
=LEFT("Excel 数据分析",5)
```

在公式中主要包含以下元素。

1．常量

常量是固定不变的值，可以是直接输入到公式中的文本、数字或日期，"Excel""数据分析"、666、"2024 年 6 月 6 日"等都是常量。以常量形式输入到公式中的文本必须位于一对英文双引号中。

2．单元格引用

单元格引用是使用列标（A、B、C 等英文字母）和行号（1、2、3 等数字）的组合形式表示单元格在工作表中的地址，通过该地址可以获取指定单元格中的数据，以便参与公式计算。单元格引用可以是单个单元格（例如 A1）或单元格区域（例如A1:B3）。

3．函数

Excel 内置了大量的函数，这些函数可以完成各种类型的计算任务。例如，SUM函数用于计算数字之和，DAYS 函数用于计算两个日期之间的天数，PMT 函数用于计算贷款的每期还款额，DEC2BIN 函数用于将十进制数转换为二进制数。

4．运算符

公式中参与计算的各个元素通过运算符连接在一起，并根据运算符的类型执行相应的计算。+（加）、-（减）、*（乘）、/（除）都是 Excel 中的运算符。各个运算符具有不同的运算顺序。

5．小括号

使用小括号可以人为改变运算符的默认运算顺序。

6.1.2　运算符和运算顺序

在 Excel 中有 4 类运算符，每个类别及其中包含的运算符如表 6-1 所示，它们在表中按照运算顺序从高到低进行排列。当一个公式包含多种运算符时，按照运算顺序从高到低执行计算，具有相同运算顺序的多个运算符按照从左到右的顺序执行计算。

表 6-1　Excel 中的运算符

运算符类型	运算符	说　明	示　例
引用运算符	冒号（:）	区域运算符，创建由左上角单元格和右下角单元格组成的单元格区域的引用	=SUM(A1:B6) 计算以 A1 单元格为左上角、B6单元格为右下角所组成的单元格区域的总和

续表

运算符类型	运算符	说 明	示 例
引用运算符	逗号（,）	联合运算符，将多个引用合并为一个引用	=SUM(A1:B6,D3:D7) 计算两个不连续区域的总和
	空格（ ）	交叉运算符，创建两个引用中重叠部分的引用	=SUM(A1:B3 B2:C5) 计算两个区域中重叠的单元格（即 B2 和 B3）的总和
算术运算符	–	负数	=–6*15
	%	百分比	=5*16%
	^	乘方	=2^3-1
	*和/	乘法和除法	=7*8/3
	+和–	加法和减法	=2+6-5
文本连接运算符	&	将两个值连接在一起	="Excel"&"2023" ="20"&"23"
比较运算符	=、<、<=、>、>=和<>	比较两个值，比较的结果是一个逻辑值	=A1=A2 =A1<=A2

使用小括号可以使较低运算顺序的运算符先执行计算。在下面的公式中，由于为加法使用了小括号，所以先执行加法运算，然后执行乘法和除法运算。

`=(2+3)*6/2`

6.1.3 单元格的 A1 引用样式

Excel 工作表区域的顶部显示 A、B、C 等大写英文字母，它们标识工作表的每一列，将这些英文字母称为列标。Excel 工作表区域的左侧显示 1、2、3 等数字，它们标识工作表的每一行，将这些数字称为行号。每个单元格在工作表中的地址由该单元格所在列的列标和所在行的行号组成，列标在前，行号在后。将使用列标和行号表示单元格地址的方式称为 A1 引用样式，下面都是 A1 引用样式的示例：

A3：引用位于 A 列第 3 行的单元格。
A1:B6：引用由 A 列第一行和 B 列第 6 行组成的单元格区域。
2:2：引用第 2 行中的所有单元格。
1:3：引用第 1～3 行中的所有单元格。
A:A：引用第 1 列中的所有单元格。
B:E：引用第 2～5 列中的所有单元格。

如果发现列标中的英文字母变成了数字，则可以使用下面的方法使其恢复为英文字母：打开【Excel 选项】对话框，在【公式】选项卡中取消选中【R1C1 引用样式】复选框，然后单击【确定】按钮，如图 6-1 所示。

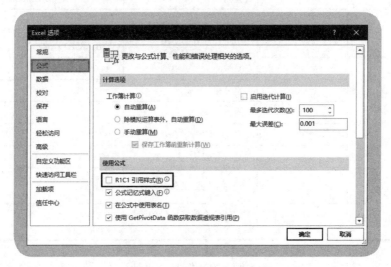

图 6-1　取消选中【R1C1 引用样式】复选框

6.1.4　输入和修改公式

输入公式的基本步骤如下：

（1）选择一个或多个单元格。

（2）输入一个等号。

（3）在等号的右侧输入公式包含的内容。

（4）按 Enter 键、Ctrl+Enter 组合键或 Ctrl+Shift+Enter 组合键。按哪个键由输入的公式类型决定。如果只在一个单元格中输入公式，则按 Enter 键；如果在多个单元格中输入公式，则按 Ctrl+Enter 组合键；如果在一个或多个单元格中输入数组公式，则按 Ctrl+Shift+Enter 组合键。

如图 6-2 所示，如需在 B1 单元格中输入一个公式，用于计算 A1、A2 和 A3 三个单元格的数字之和，可以按照以下步骤输入公式：

（1）选择 B1 单元格。

（2）输入一个等号，然后输入 A1，也可以单击 A1 单元格。

（3）输入一个加号，然后输入 A2。

（4）输入一个加号，然后输入 A3，再按 Enter 键，将在 B1 单元格中显示计算结果。

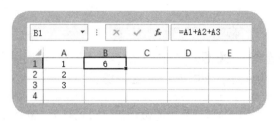

图 6-2　输入公式的示例

输入公式时，在 Excel 窗口底部的状态栏左侧会显示当前的模式，比输入普通数据时多了一种点模式。在公式中需要输入函数的参数或下一个计算项时按下键盘上的方向键，将进入点模式，此时选中的单元格被虚线框包围，该单元格的地址会添加到公式中，如图 6-3 所示。使用鼠标单击或移动方向键，可以在公式中的当前位置更改单元格地址。

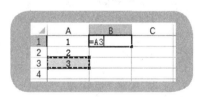

图 6-3　点模式

 注意

如果在公式中没有输入配对的小括号，按 Enter 键时将显示更正建议，需要注意的是，该建议并非总是正确的。

修改单元格中的公式有以下几种方法：

（1）双击公式所在的单元格。

（2）选择公式所在的单元格，然后按 F2 键。

（3）选择公式所在的单元格，然后在编辑栏中单击。

使用任意一种方法都会进入编辑模式，修改公式后按 Enter 键、Ctrl+Enter 组合键或 Ctrl+Shift+Enter 组合键。如果修改的是占据多个单元格的数组公式，则上面的第一种方法不适用。

技巧

如需快速选择一个数组公式占据的所有单元格，可以选择该数组公式所在的任意一个单元格，然后按 Ctrl+/组合键。

如果修改公式中引用的单元格中的数据后，公式结果没有自动更新，则可能是因为当前公式的计算方式设置为"手动"，只需将其改为"自动"，即可解决此类问题。方法是：在功能区的【公式】选项卡中单击【计算选项】按钮，然后在弹出的菜单中选择【自动】选项，如图 6-4 所示。

图 6-4　更改计算方式

6.1.5　在公式中使用函数

上一小节的示例计算 A1:A3 单元格区域中的数字之和，此时只有 3 个单元格。如果要计算 A 列 1000 个单元格中的数字之和，则需要在公式中输入 1000 个单元格的地址，可以想象工作量会有多大，而且也很容易出错。

此时使用一个名为 SUM 的 Excel 函数，可以快速完成这个计算任务，只需输入以下公式，即可计算出 A 列 1000 个单元格中的数字之和。如果以后要修改计算范围，则只需调整 A1 和 A1000 这两个单元格地址即可。

```
=SUM(A1:A1000)
```

使用函数的另一个优点是，可以完成很多无法通过手动输入计算项和运算符所能实现的复杂计算。

Excel 内置了几百个函数，可以直接在工作表中使用它们完成各种类型的计算。所有 Excel 内置函数可以分为如表 6-2 所示的几种类型。

表 6-2 Excel 中的函数类型及其说明

函数类型	说　　明
数学和三角函数	执行数学计算，包括常规计算和三角函数方面的计算
日期和时间函数	对日期和时间执行计算与格式设置
逻辑函数	设置判断条件，使公式更智能
文本函数	提取和格式化文本
查找和引用函数	查找和定位匹配的数据
信息函数	判断数据的数据类型，并返回特定信息
统计函数	对数据执行统计和分析
财务函数	计算财务数据
工程函数	处理工程数据
数据库函数	计算以数据库表形式组织的数据
多维数据集函数	处理多维数据集中的数据
Web 函数	与网络数据交互
加载宏和自动化函数	通过加载宏提供的函数扩展 Excel 函数的功能
兼容性函数	这些函数已被重命名后的函数代替，保留它们以兼容 Excel 早期版本

在公式中输入函数与输入其他计算项类似，可以将函数看作是带有参数的计算项。如果对函数的名称和功能很熟悉，则可以直接在公式中输入函数的名称。否则，可以输入函数名称的首字母或前几个字母，此时将弹出一个列表，Excel 会根据已输入的函数名的现有部分，自动在列表中显示所有匹配的函数，如图 6-5 所示。使用方向键在列表中选择要使用的函数，按 Tab 键可将选中的函数添加到公式中。

将函数添加到公式后，函数名的右侧会显示一个左括号，函数名的下方会显示函数的参数信息，加粗显示的参数是当前需要为其输入值的参数，位于中括号内的参数是可以省略其值的参数，如图 6-6 所示。

图 6-5　根据输入的字母自动显示匹配的函数

为函数的各个参数输入所需的值，可以是常量、单元格引用、另一个函数等。输入好所需的参数后，输入一个右括号，表示已完成该函数的所有输入，如图 6-7 所示，然后按【Enter】键，将显示计算结果。

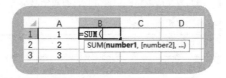

图 6-6　将函数添加到公式中

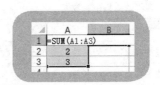

图 6-7　设置函数的参数

输入函数时还可以使用【插入函数】对话框，只需单击编辑栏中的 f_x 按钮，打开【插入函数】对话框，在【或选择类别】下拉列表中选择函数类别，然后在【选择函数】列表框中选择要使用的函数，如图 6-8 所示。单击【确定】按钮，在打开的【函数参数】对话框中为函数的参数指定所需的值，如图 6-9 所示。

每个函数都由一个函数名、一对小括号以及位于小括号中的一个或多个参数组成，各个参数之间使用英文逗号分隔。少数函数没有参数，但是在输入函数时必须保留一对小括号。

图 6-8 选择函数类别和函数

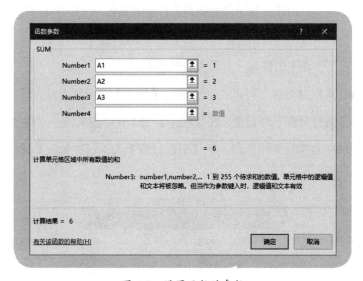

图 6-9 设置函数的参数

　　虽然在公式中输入的函数名不区分英文大小写，但是建议使用英文小写字母输入函数名，因为如果输入的函数名正确，在按 Enter 键后，会自动转换为大写形式，利用这种机制可以检查输入的函数名是否正确。

前面多次提到了"参数"这个术语，参数是函数要处理的数据。当一个函数作为另一个函数的参数时，将这种结构称为嵌套函数。根据是否必须提供参数的值，可将函数的参数分为必需和可选两种：

（1）**必需参数**：这类参数的值必须明确指定，不能省略。

（2）**可选参数**：可以不指定可选参数的值，此时会使用该参数的默认值。如果未指定可选参数的值，而在其后还有其他参数，则必须为该可选参数输入一个英文半角逗号，以标识参数的位置。

6.1.6 使用名称简化公式输入

对于复杂的计算任务，可能需要创建复杂的公式。当需要将这些公式作为完成其他更复杂任务的一部分时，重复输入这些公式既费时又容易出错。此时，可以为公式创建名称，以后可以使用名称代替整个公式。

在 Excel 中可以创建工作表级名称和工作簿级名称。工作表级名称只能在创建该名称的工作表中使用，在不同的工作表中可以创建相同的工作表级名称。工作簿级名称可以在工作簿中的任意一个工作表中使用。

如需为公式创建名称，可以在功能区的【公式】选项卡中单击【定义名称】按钮，打开【新建名称】对话框，在【名称】文本框中输入一个名称，在【范围】下拉列表中选择名称的使用范围，在【引用位置】文本框中输入公式，如图 6-10 所示。

图 6-10 为公式创建名称

提示

即使不输入工作表的名称 Sheet1，创建名称后，也会自动在公式中添加该名称。与在单元格中修改数据的方法相同，如需在【引用位置】文本框中修改公式，也需要按 F2 键进入编辑模式。

单击【确定】按钮，关闭【新建名称】对话框。在当前工作簿中的任意一个工作表的任意单元格中输入一个等号和前面创建的名称"求和"，都会计算 Sheet1 工作表中 A1:A3 单元格区域中的数字之和，如图 6-11 所示。

=求和

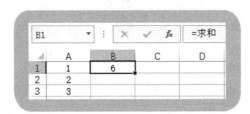

图 6-11　使用名称代替公式

6.1.7　创建数组公式

在解决很多复杂的计算问题时，使用数组公式可以显著缩短普通公式的长度，有时可能还是解决问题的唯一方法。按照数组的存在形式，可以将数组分为以下 3 种：

（1）**常量数组**：常量数组是在公式中直接输入数组元素，并使用一对大括号将这些元素包围起来。如果数组元素是文本，则需要使用英文双引号包围每一个数组元素。

（2）**区域数组**：区域数组是公式中的单元格区域引用，例如"=SUM(A1:B6)"中的 A1:B6 就是区域数组。

（3）**内存数组**：内存数组是在公式的计算过程中由中间步骤返回的多个计算结果临时组成的数组，该数组作为一个整体将继续参与下一步计算。内存数组只存在于内存中。通过选择公式中的某个可计算的部分并按 F9 键，可以看到运算时临时得到的内存数组。

无论哪类数组，数组中的元素都遵循以下格式：水平数组的各个元素之间以英文半角逗号分隔，垂直数组的各个元素之间以英文半角分号分隔。如图 6-12 所示，在 A1:F1 单元格区域中有一个一维水平常量数组。如需输入该公式，可以选择 A1:F1 单元格区域，然后按 F2 键进入编辑模式，输入以下公式，再按 Ctrl+Shift+Enter 组合键。

`={1,2,3,4,5,6}`

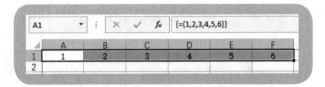

图 6-12　一维水平数组

如图 6-13 所示，A1:A6 单元格区域中包含的是一个一维垂直常量数组，公式如下。输入该公式的方法与前面类似。

`={"A";"B";"C";"D";"E";"F"}`

图 6-13　一维垂直数组

前面介绍的两种数组都是一维的，即数组元素只分布在一行或一列中。如果数组元素同时分布在行和列中，这样的数组就是二维数组。选择 A1:B3 单元格区域，然后按 F2 键，输入以下公式，并按 Ctrl+Shift+Enter 组合键，将在该单元格区域中输入一个二维数组，如图 6-14 所示。

`={"商品","销量";"酸奶",66;"牛奶",88}`

図 6-14 輸入二维数组

注意

数组公式最外层的大括号不是手动输入的，而是通过按 Ctrl+Shift+Enter 组合键后由 Excel 自动添加的。手动输入最外侧的大括号将导致公式出错。

如图 6-15 所示是使用数组公式的一个示例，在 F1 单元格中输入下面的数组公式，然后按 Ctrl+Shift+Enter 组合键，将计算所有商品的总价。如果不使用数组公式，则需要两步计算才能完成：首先计算每个商品的总价，然后对各个商品的总价求和。

=SUM(B2:B6*C2:C6)

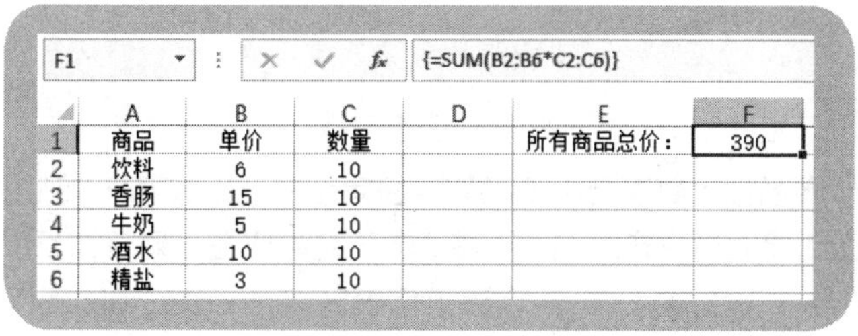

图 6-15　使用数组公式简化计算步骤

6.1.8　在公式中使用多个工作表中的数据

前面示例中的公式计算的都是活动工作表中的数据，即输入公式的单元格与公式中引用的单元格都位于同一个工作表中。在实际应用中经常会遇到在公式中引用其他工作表中数据的情况。如需在公式中引用同一个工作簿中的其他工作表中的数据，需要在单元格地址的左侧添加工作表名称和一个英文感叹号，格式如下：

=工作表名称!单元格地址

如果不想手动输入工作表名称和英文感叹号,则可以进入公式的编辑模式,使用鼠标单击工作表标签,然后选择要引用的单元格或单元格区域。

例如,在 Sheet2 工作表的 A1 单元格中包含数值 666,现在想要在该工作簿的 Sheet1 工作表的 A1 单元格中输入一个公式,来计算 Sheet2 工作表中的 A1 单元格中的数值与 10 的乘积,操作步骤如下:

(1)选择 Sheet1 工作表中的 A1 单元格,然后输入一个等号。

(2)单击 Sheet2 工作表标签,然后单击该工作表中的 A1 单元格。

(3)输入一个乘号"*",然后输入"10",最后按 Enter 键,如图 6-16 所示。

=Sheet2!A1*10

图 6-16　输入引用其他工作表中数据的公式

> 当工作表名称以数字开头或名称中包含空格、特殊字符(例如$、%、#等)时,在创建上述公式时,必须将工作表名称放在一对英文单引号中,例如"='Sheet 2'!A1*10"。修改工作表名称时,公式中的工作表名称会自动随之更新。

如需在公式中引用其他工作簿中的数据,需要添加数据所在的工作簿名称,并将其放在一对中括号中。如果工作簿或工作表的名称中包含空格、特殊字符或名称以数字开头,则需要将工作簿名称和工作表名称同时放在一对英文单引号中,格式如下:

=[工作簿名称]工作表名称!单元格地址

或

='[工作簿名称]工作表名称'!单元格地址

在公式中引用的工作簿处于打开状态时，只需输入工作簿的名称，关闭工作簿后会自动在公式中添加工作簿的完整路径。如果工作簿处于关闭状态，则需要输入工作簿的完整路径。如果路径中存在空格，则需要使用一对英文单引号将叹号左侧的所有内容包围起来，格式如下：

='工作簿路径[工作簿名称]工作表名称'!单元格地址

下面的公式引用的是名为"销售明细"的工作簿中的 Sheet2 工作表中的 A1 单元格，计算该单元格中的数据与 10 的乘积。

=[销售明细.xlsx]Sheet2!A1*10

当需要计算多个工作表中的相同单元格或单元格区域中的数据时，可以使用以下格式：

起始工作表的名称:终止工作表的名称!单元格地址

下面的公式计算 Sheet1、Sheet2 和 Sheet3 三个工作表中的 A1:B6 单元格区域中的数字之和。

=SUM(Sheet1:Sheet3!A1:B6)

当改变与公式中引用的多个工作表对应的工作表范围的起始或终止工作表，或在多个工作表中添加或删除工作表时，Excel 会自动调整公式中引用的多个工作表的起止范围以及其中包含的工作表。

使用下面的公式可以引用当前工作簿中除了当前工作表之外的其他工作表，"*"是 Excel 中的一个通配符，表示公式所在的工作表之外的所有其他工作表的名称。

=SUM('*'!A1:B6)

6.1.9 单元格引用类型对复制公式的影响

Excel 中的单元格引用有 3 种类型：相对引用、绝对引用和混合引用。前面示例中的单元格的引用类型都是相对引用，例如 A1、A1:B6 等。如需更改单元格的引用类型，可以手动在单元格引用的列标和行号的左侧添加$符号，也可以在公式中单击单元格或单元格区域的地址，然后反复按 F4 键。以 A1 单元格为例，下面是其所有的引用类型：

（1）A1：相对引用。

（2）$A$1：绝对引用。

（3）A$1：混合引用，具体来说是列相对引用、行绝对引用。

（4）$A1：混合引用，具体来说是列绝对引用、行相对引用。

将单元格中的公式复制到另一个单元格时，在复制后的单元格中，公式中的绝对引用的单元格保持不变，相对引用的单元格会根据复制前后的两个单元格之间的偏移距离自动调整，在混合引用的单元格中，只有相对引用的部分发生改变，绝对引用的部分保持不变。

如图 6-17 所示，B1 单元格中的公式是"=SUM(A1:A3)"，用于计算 A1:A3 单元格区域中的数字之和，计算结果是 6。将该单元格中的公式复制到 B2 单元格时，B2 单元格中的公式变成"=SUM(A2:A4)"，计算结果是 5。

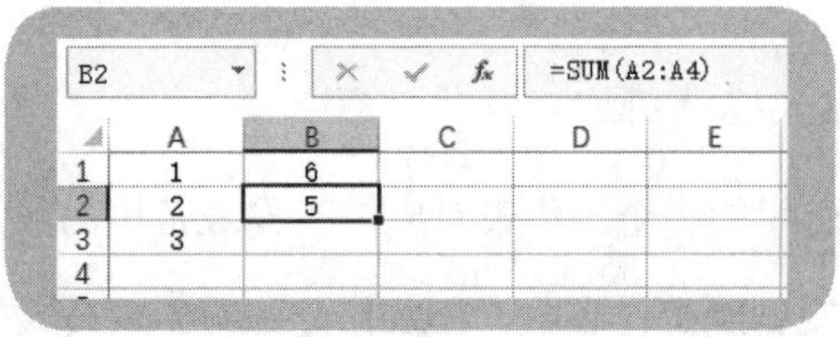

图 6-17　复制公式后计算结果发生变化

复制后的公式中的单元格地址发生变化的原因就是它们使用的是相对引用，这种引用类型会根据复制公式前、后的偏移位置而同步改变。对于上面的示例来说，复制后的公式所在的 B2 单元格相当于从原来的 B1 单元格向下移动了一行，所以公式中的每个单元格引用也会同步向下移动一行，即从 A1:A3 变成 A2:A4。由于 A4 单元格中没有内容，在计算时将其当做 0，所以复制后的公式计算的是 A2+A3+A4，结果是 2+3+0=5。

如果希望将公式复制到 B2 后仍然计算 A1:A3 单元格区域中的数字之和，则需要将公式中的单元格引用改成绝对引用。这样无论将公式复制到哪个单元格，都始终计算 A1:A3 单元格区域中的数字之和。

```
=SUM($A$1:$A$3)
```

6.1.10　处理公式错误

如果 Excel 检测到单元格中包含错误，会在单元格的左上角显示一个绿色三角，单击该单元格将显示 ⍟ 按钮。单击该按钮将显示如图 6-18 所示的菜单，其中包含错误检查和处理的相关命令。

图 6-18　包含错误检查和处理命令的菜单

菜单中的第一项是错误的类型，其他项的含义如下：

（1）**有关此错误的帮助**：打开帮助窗口并显示错误的帮助主题。

（2）**显示计算步骤**：通过分步计算检查出错的位置。

（3）**忽略错误**：不处理单元格中的错误，并隐藏单元格左上角的绿色三角。

（4）**在编辑栏中编辑**：进入编辑模式，在编辑栏中修改单元格中的内容。

（5）**错误检查选项**：在【Excel 选项】对话框的【公式】选项卡中设置检查错误的规则，如图 6-19 所示。只有选中【允许后台错误检查】复选框，才会启用错误检查功能。

如果公式比较复杂，则可以选择前面菜单中的【显示计算步骤】命令，或者在功能区的【公式】选项卡中单击【公式求值】按钮，将打开【公式求值】对话框。反复单击【求值】按钮，Excel 会依次计算公式中的每一个部分，下划线标出的是当前将要计算的部分，如图 6-20 所示。完成公式所有部分的计算后，单击【重新启动】按钮将重新开始计算。

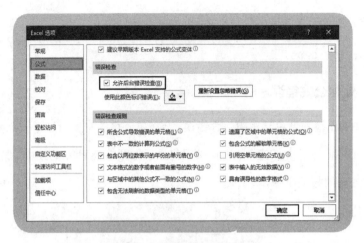

图 6-19　设置错误检查选项

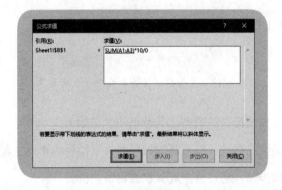

图 6-20　对公式执行分步计算

当公式无法正常执行计算时,通常会在单元格中显示一个以#符号开头的英文单词,其中还包含叹号或问号等标点符号,在 Excel 中将这种标记称为错误值。表 6-3 列出了几种常见的错误值,每种错误值表示一类错误。

表 6-3　Excel 中常见的错误值

错误值	说　　明
#DIV/0!	数字除以 0 时,将显示该错误值
#NUM!	在公式或函数中使用无效的数值时,将显示该错误值
#VALUE!	在公式或函数中使用的参数或计算项的数据类型错误时,将显示该错误值
#REF!	引用不存在的单元格时,将显示该错误值

续表

错误值	说　　　明
#NAME?	无法识别公式中的文本时，将显示该错误值
#N/A	数值对函数或公式不可用时，将显示该错误值
#NULL!	指定两个并不相交的区域的交点时，将显示该错误值

如果在公式中引用了公式所在的单元格，按 Enter 键后将导致循环引用，并显示如图 6-21 所示的提示信息，单击【确定】按钮，公式的计算结果是 0。

图 6-21　导致循环引用时的提示信息

有时可以利用循环引用自身的特点来解决一些依靠普通方法难以解决的计算问题。如需使用循环引用，需要启用迭代计算功能。打开【Excel 选项】对话框，在【公式】选项卡中选中【启用迭代计算】复选框，如图 6-22 所示。然后修改【最多迭代次数】文本框中的数字，该数字表示需要进行循环计算的次数。设置【最大误差】的值可以控制迭代计算的精确度，数字越小，精确度越高。

图 6-22　启用和设置迭代计算功能

6.2 提取和格式化文本

本节将介绍使用 Excel 内置的文本函数提取和格式化文本的常用方法。

6.2.1 拆分员工编号和员工姓名

如图 6-23 所示，A 列中包含混合在一起的员工编号和姓名。

图 6-23　员工编号和姓名混合在一起

如需将它们拆分到两列，可以在 B2 和 C2 单元格中分别输入以下两个公式，然后将两个公式向下复制到 A 列数据的最后一行，如图 6-24 所示。双击 B2 和 C2 单元格右下角的填充柄，将自动完成公式的复制。

```
=LEFT(A2,5)
=RIGHT(A2,LEN(A2)-5)
```

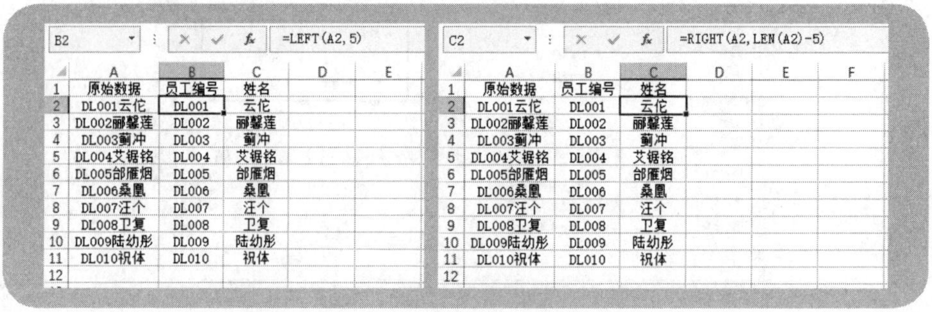

图 6-24　将员工编号和姓名拆分到两列

> **提示**
>
> 可以删除 A 列，以免影响显示效果。但是在删除前，需要将通过公式计算得到的 B、C 两列数据转换为固定值，否则删除 A 列后，B、C 两列中的公式会由于找不到 A 列数据而出现错误。将公式的计算结果转换为固定值的方法是使用选择性粘贴，选择 B、C 两列所有包含公式的单元格，按 Ctrl+C 组合键，然后右键单击选区并在弹出的菜单中选择【粘贴选项】中的【值】。

在本例中，由于每个员工编号都是数量相同的 5 个字符，所以可以使用 LEFT 函数提取员工编号。LEFT 函数的第一个参数是要提取的文本，第二个参数是从文本左侧开始提取的字符数，LEFT(A2,5)表示提取 A2 单元格中数据左侧的 5 个字符，得到的结果就是员工编号。

提取出员工编号后，剩下的就是员工姓名。由于每个员工姓名的字符数并不相同，所以需要先计算出原始数据的总字符数，然后减去员工编号的字符数，得到的就是员工姓名的字符数。使用 LEN 函数可以计算出原始数据的总字符数，将得到的结果减去 5，即可得到员工姓名的字符数。然后使用 RIGHT 函数从文本的右侧开始，提取该字符数，得到的就是员工姓名。RIGHT 函数的参数与 LEFT 函数类似，只不过 RIGHT 函数是从文本的右侧开始提取字符。

如图 6-25 所示，如果 A 列数据中的员工编号与姓名之间使用"–"符号连接，并且员工编号的字符数不固定，则可以使用 FIND 函数查找"–"符号的位置，然后使用 LEFT 函数从该位置左侧提取员工编号，再使用 RIGHT 函数从该位置右侧提取员工姓名。

	A	B
1	原始数据	
2	DL01-云伧	
3	DL002-郦馨莲	
4	DL03-蓟冲	
5	DL0004-艾锯铭	
6	DL005-郜雁烟	
7	DL06-桑凰	
8	DL0007-汪个	
9	DL008-卫复	
10	DL09-陆幼彤	
11	DL10-祝体	
12		

图 6-25　员工编号与姓名之间使用"–"符号连接

在 B2 和 C2 单元格中分别输入以下两个公式，然后将两个公式向下复制到 A 列数据的最后一行，将员工编号和姓名分别提取到 B 列和 C 列，如图 6-26 所示。

```
=LEFT(A2,FIND("-",A2)-1)
=RIGHT(A2,LEN(A2)-FIND("-",A2))
```

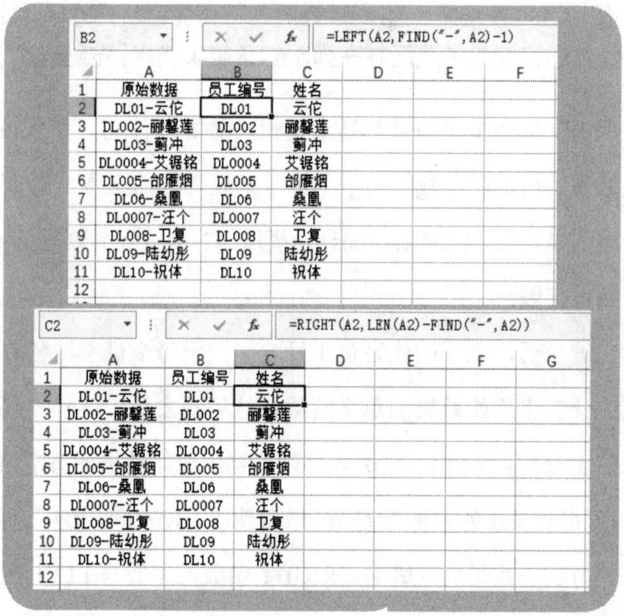

图 6-26　将员工编号和姓名拆分到两列

本例使用了以下几个函数。

（1）LEFT 函数。

LEFT 函数用于提取文本左侧指定个数的字符，该函数的参数如下：

```
LEFT(text,num_chars)
```

1）text（必需）：要提取的文本。

2）num_chars（可选）：要提取的字符数。

（2）RIGHT 函数。

RIGHT 函数用于提取文本右侧指定个数的字符，该函数的参数如下：

```
RIGHT(text,num_chars)
```

1）text（必需）：要提取的文本。

2）num_chars（可选）：要提取的字符数。

（3）LEN 函数。

LEN 函数用于计算文本的字符个数，该函数的参数如下：

`LEN(text)`

text（必需）：要计算字符个数的文本。

（4）FIND 函数。

FIND 函数用于查找字符在文本中第一次出现的位置，该函数的参数如下：

`FIND(find_text,within_text,start_num)`

1）find_text（必需）：要查找的字符。

2）within_text（必需）：接受查找的文本。

3）start_num（可选）：开始查找的起始位置。

6.2.2 从身份证号码中提取出生日期和性别

如图 6-27 所示，在 C2 单元格中输入下面的公式，然后将该公式向下复制到 C8 单元格，从 B 列的身份证号码中提取每个人的出生日期。

`=TEXT(MID(B2,7,8),"0000 年 00 月 00 日")`

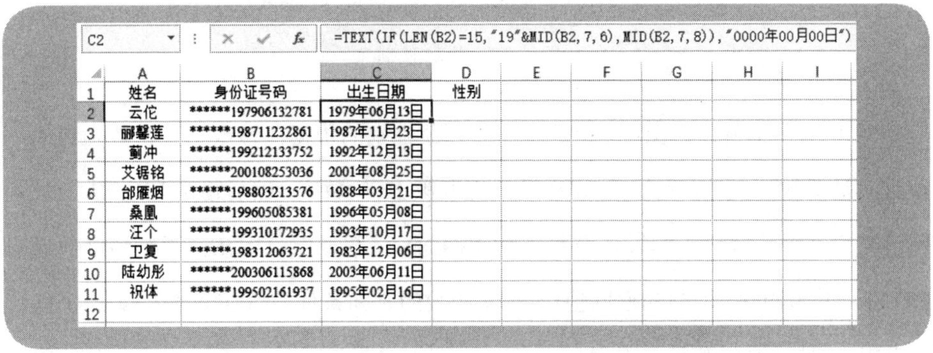

图 6-27 提取出生日期

出生日期位于 18 位身份证号码中从第 7 位开始的连续 8 位数字，由于要提取的数据位于中间位置，所以无法使用 LEFT 或 RIGHT 函数，而需要使用 MID 函数。MID 函数有 3 个参数，第一个参数是要提取的文本，第二个参数是提取字符的起始位置，第三个参数是要提取的字符数。公式中的 MID(B2,7,8) 表示从 B2 单元格中数据的第 7 位开始，连续提取 8 个字符，得到的就是身份证号码中的出生日期。

最后，使用 TEXT 函数为提取出的数据设置为带有年、月、日的日期格式。TEXT 函数有两个参数，第一个参数是要设置格式的数据，第二个参数是要设置的格式代码。"0000 年 00 月 00 日"中的 0 是数字占位符，表示当数据中的位数不足时，使用 0 填充，例如 6 月会显示为 06 月。

在 D2 单元格中输入下面的公式，然后将该公式向下复制到 D8 单元格，从 B 列的身份证号码中提取每个人的性别，如图 6-28 所示。

```
=IF(ISODD(MID(B2,17,1)),"男","女")
```

	A	B	C	D	E	F
			fx	=IF(ISODD(MID(B2,17,1)),"男","女")		
1	姓名	身份证号码	出生日期	性别		
2	云佗	******197906132781	1979年06月13日	女		
3	郦馨莲	******198711232861	1987年11月23日	女		
4	蓟冲	******199212133752	1992年12月13日	男		
5	艾锯铭	******200108253036	2001年08月25日	男		
6	郐雁烟	******198803213576	1988年03月21日	男		
7	桑凰	******199605085381	1996年05月08日	女		
8	汪个	******199310172935	1993年10月17日	男		
9	卫复	******198312063721	1983年12月06日	女		
10	陆幼彤	******200306115868	2003年06月11日	女		
11	祝体	******199502161937	1995年02月16日	男		
12						

图 6-28　提取性别

18 位身份证号码的第 17 位数字作为判断性别的依据，该数字是奇数为男性，该数字是偶数为女性。先使用 MID 函数提取第 17 位数字，然后使用 ISODD 函数判断该数字是否是奇数，如果是奇数，则 ISODD 函数返回 TRUE；否则该函数返回 FALSE。将 ISODD 函数的返回值作为 IF 函数的判断条件，当 IF 函数的第一个参数是 TRUE 时，返回其第二个参数的值，本例为"男"；当 IF 函数的第一个参数是 FALSE 时，返回其第三个参数的值，本例为"女"。

本例使用了以下函数。

（1）MID 函数。

MID 函数用于从文本中的指定位置提取指定个数的字符，该函数的参数如下：

```
MID(text,start_num,num_chars)
```

1）text（必需）：要提取的文本。

2）start_num（必需）：提取字符的起始位置。

3）num_chars（必需）：要提取的字符数。

（2）TEXT 函数。

TEXT 函数用于设置数字格式并将原内容转换为文本，该函数的参数如下：

```
TEXT(value,format_text)
```

1）value（必需）：要设置格式的数字。

2）format_text（必需）：要为数字设置格式的格式代码，必须将该参数的值放到一对英文双引号中。

（3）IF 函数。

IF 函数用于根据条件判断结果返回不同的值，该函数的参数如下：

```
IF(logical_test,value_if_true,value_if_false)
```

1）logical_test（必需）：要判断的值或表达式，计算结果是逻辑值 TRUE 或 FALSE。

2）value_if_true（可选）：当 logical_test 的结果是 TRUE 时返回的值。

3）value_if_false（可选）：当 logical_test 的结果是 FALSE 时返回的值。

6.2.3　提取文本中的金额

如图 6-29 所示，在 B1 单元格中输入下面的公式，然后将该公式向下复制到 B6 单元格，提取 A 列中的金额。

```
=LOOKUP(9E+307,--LEFT(A1,ROW(INDIRECT("1:"&LEN(A1)))))
```

首先使用 LEN 函数计算 A1 单元格中的字符数，然后使用 ROW 函数搭配

INDIRECT函数，返回一个从1到A1单元格字符数的常量数组{1;2}。接着使用LEFT函数依次提取A1单元格左侧的第1个和第2个字符，使用减负运算将非数字转换为错误值，此时将返回一个包含数字和错误值的数组。最后使用LOOKUP函数在该数组中查找一个足够大的数字9E+307，并返回数组中小于或等于该值的最大值，即A1单元格中的数字，提取A列其他单元格中的数字的原理与此类似。

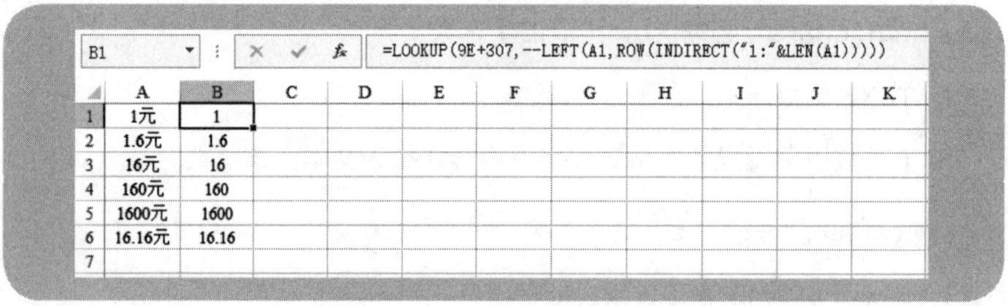
B1 =LOOKUP(9E+307,--LEFT(A1,ROW(INDIRECT("1:"&LEN(A1)))))

	A	B	C	D	E	F	G	H	I	J	K
1	1元	1									
2	1.6元	1.6									
3	16元	16									
4	160元	160									
5	1600元	1600									
6	16.16元	16.16									
7											

图 6-29　提取文本中的金额

本例使用了以下几个函数。

（1）LOOKUP函数。

LOOKUP函数用于在一行或一列中查找值，然后返回另一行或另一列中相同位置上的值，该函数的参数如下：

```
LOOKUP(lookup_value,lookup_vector,result_vector)
```

1）lookup_value（必需）：要查找的值。如果找不到该值，则返回lookup_vector中小于或等于查找值的最大值。

2）lookup_vector（必需）：接受查找的区域。如果该参数是单元格区域，则必须是单行或单列；如果该参数是数组，则必须是水平或垂直的一维数组。

3）result_vector（可选）：返回结果值的区域，其大小必须与lookup_vector相同。如果该参数是单元格区域，则必须是单行或单列；如果该参数是数组，则必须是水平或垂直的一维数组。

（2）ROW函数。

ROW函数用于返回单元格区域首行的行号，该函数的参数如下：

```
ROW(reference)
```

reference（可选）：要返回首行行号的单元格区域。省略该参数时将返回公式所在单元格的行号。

（3）INDIRECT 函数。

INDIRECT 函数用于返回由文本指定的引用，该函数的参数如下：

```
INDIRECT(ref_text,a1)
```

1）ref_text（必需）：对单元格的引用。

2）A1（可选）：设置 ref_text 的引用样式类型。如果省略该参数或其值为 TRUE，则 ref_text 使用 A1 引用样式；如果该参数是 FALSE，则 ref_text 使用 R1C1 引用样式。

6.2.4　创建字符图表

如图 6-30 所示，在 C2 单元格中输入下面的公式，然后将该公式向下复制到 C13 单元格，再将 C1:C13 单元格区域的字体设置为"Wingdings"，即可显示由黑色方块组成的字符图表，图表的长度会随着销售额的多少自动改变。

```
=REPT("n",B2/1000)
```

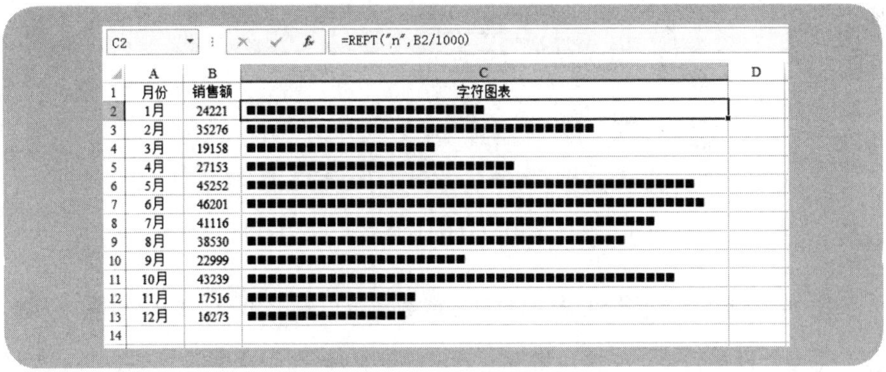

图 6-30　创建字符图表

本例使用的 REPT 函数用于按照指定的次数重复显示文本，该函数的参数如下：

```
REPT(text,number_times)
```

（1）text（必需）：要重复显示的文本。

（2）number_times（必需）：要重复显示的次数。

6.2.5　替换或删除无用字符

无用字符可能是文本中包含的多余空格或其他非打印字符，也可能是一些错误或无意义的英文或中文字符。多余空格是指除了单词之间的一个空格之外的其他空格，非打印字符是 7 位 ASCII 码的前 32 位，即 0～31。

使用 TRIM 函数可以删除多余的空格，使用 CLEAN 函数可以删除非打印字符。如需同时删除空格和非打印字符，可以嵌套使用 TRIM 和 CLEAN 两个函数。下面的公式删除 A1 单元格中的多余空格和其他非打印字符。

```
=TRIM(CLEAN(A1))
```

第 3 章曾经介绍过使用 Excel 中的"替换"功能更正无法被 Excel 正确识别的日期，使用 SUBSTITUTE 函数也可以实现相同的功能。在 C2 单元格中输入下面的公式，然后将该公式向下复制到 C6 单元格，如图 6-31 所示。

```
=SUBSTITUTE(B2,".","/")
```

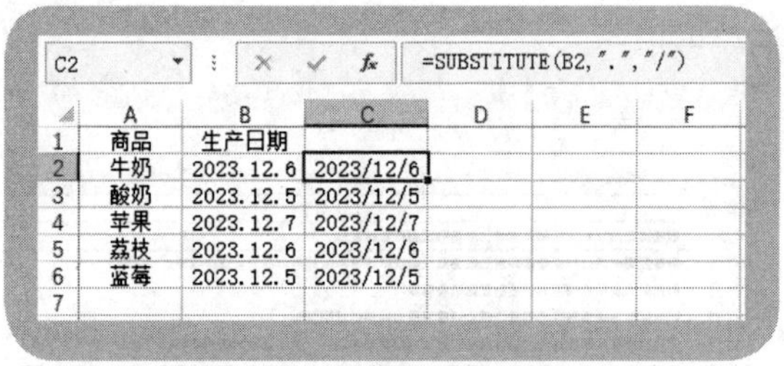

图 6-31　使用 SUBSTITUTE 函数更正错误的日期

如图 6-32 所示，使用 SUBSTITUTE 函数也可以删除单元格中的空格，只需将其第二个参数设置为一个空格，将第三个参数设置为一个零长度字符串，公式如下：

```
=SUBSTITUTE(A2," ","")
```

同理，将 SUBSTITUTE 函数的第二个参数设置为任意一个或多个字符，则可以使用上面的公式删除文本中的特定字符。下面的公式删除 A2 单元格中的 ok。

图 6-32　使用 SUBSTITUTE 函数删除空格

=SUBSTITUTE(A2,"ok","")

本例使用的 SUBSTITUTE 函数用于使用由用户指定的字符替换文本中的现有字符，该函数的参数如下：

SUBSTITUTE(text,old_text,new_text,instance_num)

（1）text（必需）：要在其中执行替换操作的内容。

（2）old_text（必需）：要替换掉的原内容。

（3）new_text（必需）：要替换原内容的新内容。

（4）instance_num（可选）：如果原内容不止出现一次，则该参数指定替换掉哪一次出现的原内容。如果省略该参数，则所有出现的原内容都被替换。

6.3　汇总和统计数据

本节将介绍使用Excel内置的数学函数和统计函数汇总和统计数据的常用方法。

6.3.1　累计求和

如图 6-33 所示，在 C2 单元格中输入下面的公式，然后将该公式向下复制到 C7 单元格，计算商品在各个月份的累计销量。

```
=SUM(B$2:B2)
```

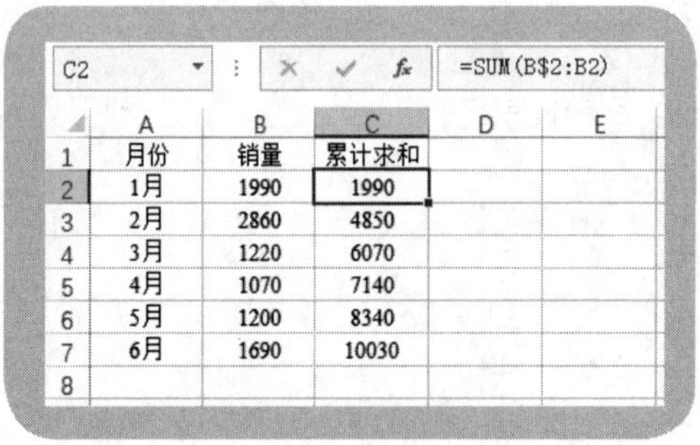

C2 =SUM(B$2:B2)

	A	B	C	D	E
1	月份	销量	累计求和		
2	1月	1990	1990		
3	2月	2860	4850		
4	3月	1220	6070		
5	4月	1070	7140		
6	5月	1200	8340		
7	6月	1690	10030		
8					

图 6-33　累计求和

由于 B$2:B2 的第一部分 B$2 使用了行绝对引用，所以将公式向下复制时，B$2 中的行号保持不变，区域的起始单元格始终是 B2，即 1 月份的销量。B$2:B2 的第二部分 B2 使用了相对引用，所以将公式向下复制时，B2 将依次变成 B3、B4、B5 等，这样就组成了一个逐渐变大的单元格区域，即 B2:B3、B2:B4、B2:B5 等。最后使用 SUM 函数对各个区域求和，得到的就是从 1 月截止到当前月份的累计销量。

本例使用的 SUM 函数用于计算数字的总和，该函数的参数如下：

```
SUM(number1,number2,…)
```

（1）**number1（必需）**：要求和的第 1 个数字。

（2）**number2,…（可选）**：要求和的第 2～255 个数字。

6.3.2　计算某部门所有员工的年薪总和

如图 6-34 所示，在 F1 单元格中输入下面的公式，计算销售部所有员工的年薪总和。

```
=SUMIF(B2:B11,"销售部",C2:C11)
```

本例使用的 SUMIF 函数用于计算单元格区域中满足指定条件的所有数字之和，该函数的参数如下：

```
SUMIF(range,criteria,sum_range)
```

（1）**range（必需）**：要进行条件判断的单元格区域，文本和空值将被忽略。

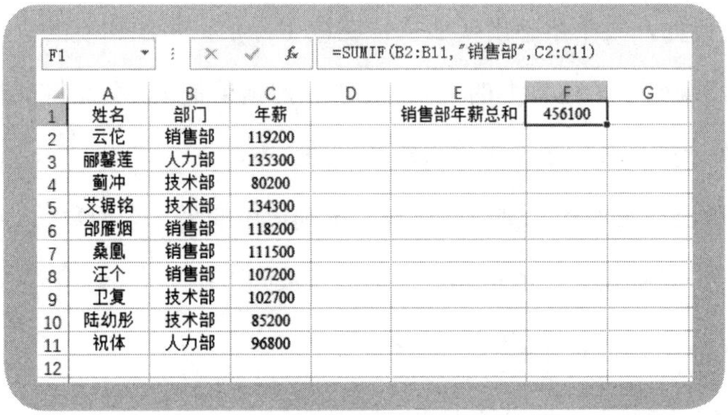

F1 =SUMIF(B2:B11,"销售部",C2:C11)

	A	B	C	D	E	F	G
1	姓名	部门	年薪		销售部年薪总和	456100	
2	云佗	销售部	119200				
3	丽鬈莲	人力部	135300				
4	蒯冲	技术部	80200				
5	艾锯铭	技术部	134300				
6	郜雁烟	销售部	118200				
7	桑凰	销售部	111500				
8	汪个	销售部	107200				
9	卫复	技术部	102700				
10	陆幼彤	技术部	85200				
11	祝体	人力部	96800				
12							

图 6-34　计算销售部所有员工的年薪总和

（2）criteria（必需）：要判断的条件，可以是数字、文本或表达式。

（3）sum_range（可选）：要根据条件判断结果进行计算的单元格区域。如果省略该参数，则对 range 指定的单元格区域进行计算。

6.3.3 统计不重复员工的人数

如图 6-35 所示，在 E1 单元格中输入下面的数组公式，统计不重复员工的人数。

```
=SUM(1/COUNTIF(A2:A11,A2:A11))
```

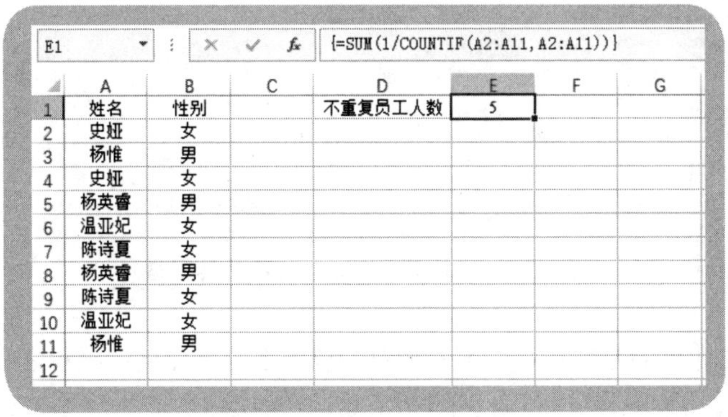

E1 {=SUM(1/COUNTIF(A2:A11,A2:A11))}

	A	B	C	D	E	F	G
1	姓名	性别		不重复员工人数	5		
2	史娅	女					
3	杨惟	男					
4	史娅	女					
5	杨英睿	男					
6	温亚妃	女					
7	陈诗夏	女					
8	杨英睿	男					
9	陈诗夏	女					
10	温亚妃	女					
11	杨惟	男					
12							

图 6-35　统计不重复员工的人数

首先使用 COUNTIF 函数统计 A2:A11 单元格区域中的每个单元格在该区域中出现的次数，得到数组{1;2;1;2;3;1;2;3;3;2}。使用 1 除以该数组中的每一个元素，数组中的 1 仍是 1，而数组中的其他数字都会转换成分数。当对这些分数求和时，都会转换成 1。例如，某个数字出现 3 次，在被 1 除后，每次出现的位置上都会变成 1/3，对 3 次出现的 3 个位置上的 1/3 进行求和，结果是 1，从而将多次出现的同一个姓名按 1 次计算，最后统计出不重复员工的人数。

SUM 函数已在前面的示例中介绍过，本例使用的另一个函数是 COUNTIF，该函数用于计算满足指定条件的单元格个数，参数如下：

```
COUNTIF(range,criteria)
```

（1）range（必需）：要计数的单元格区域。

（2）criteria（必需）：判断条件，可以是数字、文本或表达式。

6.3.4 计算所有商品打折后的总价格

如图 6-36 所示，在 G1 单元格中输入下面的公式，计算商品打折后的总价格。

```
=ROUND(SUMPRODUCT(B2:B11,C2:C11,D2:D11/10),2)
```

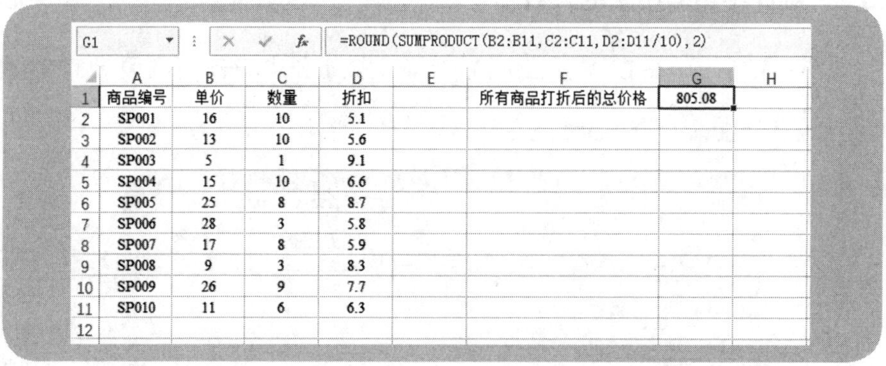

G1 =ROUND(SUMPRODUCT(B2:B11,C2:C11,D2:D11/10),2)

	A	B	C	D	E	F	G	H
1	商品编号	单价	数量	折扣		所有商品打折后的总价格	805.08	
2	SP001	16	10	5.1				
3	SP002	13	10	5.6				
4	SP003	5	1	9.1				
5	SP004	15	10	6.6				
6	SP005	25	8	8.7				
7	SP006	28	3	5.8				
8	SP007	17	8	5.9				
9	SP008	9	3	8.3				
10	SP009	26	9	7.7				
11	SP010	11	6	6.3				
12								

图 6-36 计算所有商品打折后的总价格

本例需要计算的是 B、C、D 三列对应位置上的单元格的乘积之和，所以非常适合使用 SUMPRODUCT 函数。D 列中的折扣不能直接参与计算，需要将其除以 10 后才能正确计算。最后使用 ROUND 函数将计算结果设置为保留两位小数。

本例使用了以下几个函数。

（1）SUMPRODUCT 函数。

SUMPRODUCT 函数用于计算各个数组中对应元素的乘积之和，该函数先对各组数字中对应位置上的数字进行乘法运算，然后计算所有乘积之和。该函数的参数如下：

```
SUMPRODUCT(array1,array2,array3,…)
```

1）array1（必需）：要计算的第 1 个数组。如果只有一个参数，则 SUMPRODUCT 函数将计算该参数中所有元素的总和。

2）array2,array3,…（可选）：要计算的第 2～255 个数组。

（2）ROUND 函数。

ROUND 函数用于按照指定的位数对数字进行四舍五入，该函数的参数如下：

```
ROUND(number,num_digits)
```

1）number（必需）：要四舍五入的数字。

2）num_digits（必需）：要四舍五入的位数。如果该参数大于 0，则四舍五入到指定的小数位；如果该参数等于 0，则四舍五入到最接近的整数；如果该参数小于 0，则四舍五入到指定的整数位。

6.3.5 计算单日最高销量

如图 6-37 所示，在 E1 单元格中输入下面的数组公式，计算单日最高销量。

```
=MAX(SUMIF(A2:A10,A2:A10,B2:B10))
```

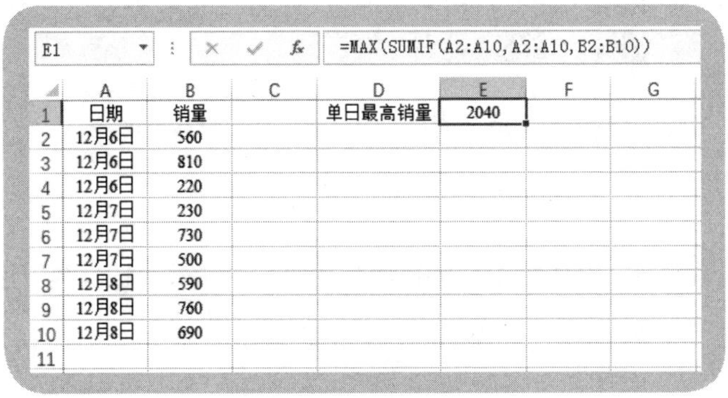
E1 =MAX(SUMIF(A2:A10,A2:A10,B2:B10))

	A	B	C	D	E	F	G
1	日期	销量		单日最高销量	2040		
2	12月6日	560					
3	12月6日	810					
4	12月6日	220					
5	12月7日	230					
6	12月7日	730					
7	12月7日	500					
8	12月8日	590					
9	12月8日	760					
10	12月8日	690					
11							

图 6-37　计算单日最高销量

首先使用 SUMIF 函数对每天的销量求和，然后使用 MAX 函数从中提取最大值，得到的就是单日最高销量。SUMIF(A2:A10,A2:A10,B2:B10)部分返回{1590;1590;1590;1460;1460;1460;2040;2040;2040}数组，即每日销量总和，数组中重复的元素说明同一天不止一条销售记录。

SUMIF 函数已在前面的示例中介绍过，本例使用的另一个函数是 MAX，该函数用于返回一组数字中的最大值，参数如下：

```
MAX(number1,number2,…)
```

（1）number1（必需）：要返回最大值的第 1 个数字。

（2）number2,…（可选）：要返回最大值的第 2～255 个数字。

6.3.6 计算销量前 3 名的销量总和

如图 6-38 所示，在 F1 单元格中输入下面的数组公式，计算销量前 3 名的销量总和。

```
=SUM(LARGE(C2:C11,{1,2,3}))
```

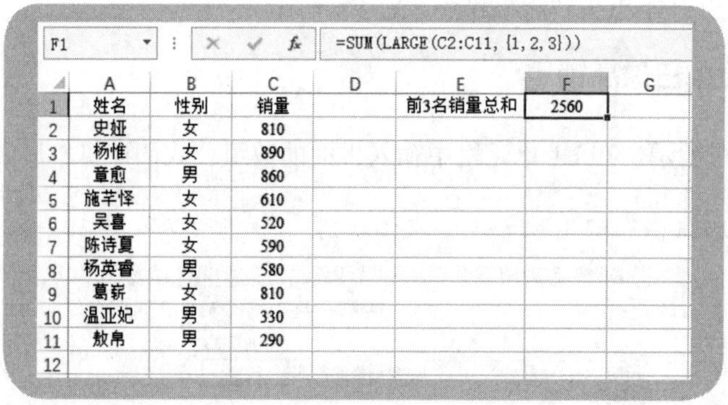

F1 =SUM(LARGE(C2:C11, {1,2,3}))

	A	B	C	D	E	F	G
1	姓名	性别	销量		前3名销量总和	2560	
2	史娅	女	810				
3	杨惟	女	890				
4	章愈	男	860				
5	施芊怿	女	610				
6	吴喜	女	520				
7	陈诗夏	女	590				
8	杨英睿	男	580				
9	葛蓊	女	810				
10	温亚妃	男	330				
11	敖帛	男	290				
12							

图 6-38 计算销量前 3 名的销量总和

使用常量数组{1,2,3}作为 LARGE 函数的第二个参数，依次提取区域中最大、第二大和第三大的值，然后使用 SUM 函数对提取出的前 3 名销量求和。

SUM 函数已在前面的示例中介绍过，本例使用的另一个函数是 LARGE，该函数用于返回第 k 个最大值，参数如下：

```
LARGE(array,k)
```

（1）array（必需）：要返回第 k 个最大值的单元格区域或数组。

（2）k（必需）：值在单元格区域或数组中大小的次序号，1 表示返回最大值，2 表示返回第 2 大的值，以此类推。

6.4　计　算　日　期

本节将介绍使用 Excel 内置的日期函数计算日期的常用方法。

6.4.1　创建一系列日期

如图 6-39 所示，选择 A1:A31 单元格区域，然后输入下面的公式并按 Ctrl+Enter 组合键，将在该单元格区域中输入 2024 年 1 月 1 日～31 日的日期。

```
=DATE(2024,1,ROW())
```

图 6-39　创建一系列连续日期

如果只想创建 2024 年 1 月的奇数日期，则可以在 A1:A16 单元格区域中输入下面的公式，如图 6-40 所示。

```
=DATE(2024,1,ROW()*2-1)
```

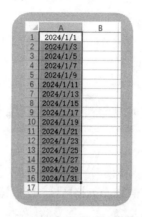

图 6-40　输入一个月中的奇数日期

ROW 函数已在前面的示例中介绍过，本例使用的另一个函数是 DATE，该函数用于返回指定日期的序列号，参数如下：

```
DATE(year,month,day)
```

（1）year（**必需**）：表示年的数字。

（2）month（**必需**）：表示月的数字。

（3）day（**必需**）：表示日的数字。

6.4.2　判断闰年

如图 6-41 所示，在 B2 单元格中输入以下公式，判断 B1 单元格中的日期所属的年份是否是闰年。

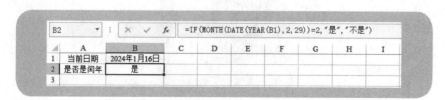

图 6-41　判断闰年

```
=IF(MONTH(DATE(YEAR(B1),2,29))=2,"是","不是")
```

首先使用 YEAR 函数提取 B1 单元格中的年份，然后使用 DATE 函数将该年份和 2、29 组合为一个日期，即当前年份的 2 月 29 日。因为闰年 2 月有 29 天，如果不是闰年则 2 月只有 28 天。利用 DATE 函数的自动更正日期错误功能，并使用 MONTH 函数提取 DATE 函数产生的日期中的月份。如果是闰年，则提取出的月份等于 2；如果不是闰年，则提取出的月份等于 3，因为 DATE 函数会将 2 月 29 日自动进位到 3 月 1 日。最后使用 IF 函数根据 MONTH 函数的返回结果显示"是"或"否"。

IF 和 DATE 函数已在前面的示例中介绍过，本例还使用了以下几个函数。

（1）YEAR 函数。

YEAR 函数用于返回日期中的年份，返回值的范围是 1900～9999，该函数的参数如下：

```
YEAR(serial_number)
```

serial_number（**必需**）：要提取年份的日期。

（2）MONTH 函数。

MONTH 函数用于返回日期中的月份，返回值的范围是 1～12，该函数的参数如下：

```
MONTH(serial_number)
```

serial_number（**必需**）：要提取月份的日期。

6.4.3 计算本月的总天数

如图 6-42 所示，在 B1 单元格中输入下面的公式，计算当前系统日期所属月份的总天数。由于创建本例时的系统日期正处于 2024 年 2 月中，所以公式返回的是 2 月的最后一天，即 29。

```
=DAY(EOMONTH(TODAY(),0))
```

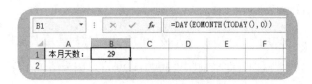

图 6-42　计算本月的总天数

首先使用 TODAY 函数返回当前系统日期，然后使用 EOMONTH 函数计算当前日期所属月份最后一天的日期，再使用 DAY 函数返回该日期的"天数"部分，即该月份的总天数。

本例使用了以下几个函数。

（1）TODAY 函数。

TODAY 函数用于返回当前日期的序列号，该函数没有参数。

（2）DAY 函数。

DAY 函数用于返回日期中的日，返回值的范围是 1～31，该函数的参数如下：

```
DAY(serial_number)
```

serial_number（**必需**）：要提取日的日期。

（3）EOMONTH 函数。

EOMONTH 函数用于计算某个日期相隔几个月之前或之后的那个月最后一天的日期，该函数的参数如下：

```
EOMONTH(start_date,months)
```

1）start_date（**必需**）：开始日期。

2）months（**必需**）：开始日期之前或之后的月数，正数表示未来几个月，负数表示过去几个月，0 表示第一个参数中的月份。

6.4.4　计算工资结算日期

如图 6-43 所示，在 C2 单元格中输入下面的公式，然后将该公式向下复制到 C11 单元格，统计辞职员工的工资结算日期。公司规定每月 1 号结算工资。

```
=EOMONTH(B2,0)+1
```

C2 =EOMONTH(B2, 0)+1

	A	B	C	D	E
1	姓名	辞职日期	工资结算日期		
2	史娅	2024/2/9	2024/3/1		
3	杨惟	2024/2/14	2024/3/1		
4	章愈	2024/3/28	2024/4/1		
5	施芊怿	2024/3/19	2024/4/1		
6	吴喜	2024/1/18	2024/2/1		
7	陈诗夏	2024/2/2	2024/3/1		
8	杨英睿	2024/3/7	2024/4/1		
9	葛菥	2024/2/7	2024/3/1		
10	温亚妃	2024/3/17	2024/4/1		
11	敖帛	2024/1/12	2024/2/1		
12					

图 6-43 计算工资结算日期

首先使用 EOMONTH 函数得到 B 列日期所属月份的最后一天的日期，然后将计算结果加 1，即可得到下个月第一天的日期。

6.4.5 计算员工工龄

如图 6-44 所示，在 C2 单元格中输入下面的公式，然后将该公式向下复制到 C11 单元格，计算每个员工截止到 2024 年 3 月 31 日时的工龄。

```
=DATEDIF(B2,"2024/3/31","Y") & "年" & DATEDIF(B2,"2024/3/31","YM")
& "个月"
```

C2 =DATEDIF(B2,"2024/3/31","Y") & "年" & DATEDIF(B2,"2024/3/31","YM") & "个月"

	A	B	C	D	E	F	G	H	I	J	K	L
1	姓名	参加工作时间	工龄									
2	史娅	2022/5/26	1年10个月									
3	杨惟	2021/11/8	2年4个月									
4	章愈	2010/9/29	13年6个月									
5	施芊怿	2015/8/25	8年7个月									
6	吴喜	2011/9/27	12年6个月									
7	陈诗夏	2012/11/3	11年4个月									
8	杨英睿	2018/9/8	5年6个月									
9	葛菥	2016/5/12	7年10个月									
10	温亚妃	2013/8/5	10年7个月									
11	敖帛	2018/10/8	5年5个月									
12												

图 6-44 计算员工工龄

在第一个 DATEDIF 函数中将第三个参数设置为“Y”，以计算整年数。然后在第二个 DATEDIF 函数中将第三个参数设置为“YM”，在忽略年和日的情况下计算两个日期之间相差的月数，最后使用&符号将两个结果连接起来。

本例使用的 DATEDIF 函数用于计算两个日期间隔的年数、月数和天数。在【插入函数】对话框中不显示该函数，需要在公式中手动输入它。该函数的参数如下：

DATEDIF(start_date,end_date,unit)

（1）start_date（**必需**）：开始日期。

（2）end_date（**必需**）：结束日期。

（3）unit（**必需**）：时间单位，该参数的取值及其作用如表 6-4 所示。

表 6-4　unit 参数的取值及其作用

unit 参数值	说　　明
y	开始日期和结束日期之间的年数
m	开始日期和结束日期之间的月数
d	开始日期和结束日期之间的天数
ym	开始日期和结束日期之间的月数（日期中的年和日都被忽略）
yd	开始日期和结束日期之间的天数（日期中的年被忽略）
md	开始日期和结束日期之间的天数（日期中的年和月被忽略）

使用 Excel 中的模拟分析、单变量求解、规划求解、分析工具库等工具，可以对数据进行更加专业的分析工作，本章将介绍这些工具的使用方法。

7.1 模 拟 分 析

模拟分析又称为假设分析，它是管理经济学中一种重要的分析方式。为了得到最接近目标的方案，使用模拟分析可以基于现有的计算模型，对影响最终结果的多种因素进行预测和分析。

7.1.1 单变量模拟分析

单变量模拟分析是指一个计算模型中无论包含几个参数，只有一个参数是可变的，通过不断调整可变参数的值来得到不同的计算结果，从而分析该参数是如何影响计算结果的。

如图 7-1 所示为 5%年利率的 20 万贷款分 5 年还清时的每月还款额。B4 单元格包含用于计算每月还款额的公式。

B4		× ✓ ƒx	=PMT(B1/12,B2*12,B3)		
◢	A	B	C	D	E
1	年利率	5%			
2	期数（年）	5			
3	贷款总额	200000			
4	每月还款额	¥-3,774.25			

图 7-1 设置计算模型

计算贷款期限在 5～10 年之间的每月还款额的操作步骤如下：

（1）在 D1:E8 单元格区域中输入如图 7-2 所示的基础数据，E2 单元格包含以下公式，D1 单元格为空。

=B4

（2）选择 D2:E8 单元格区域，在功能区的【数据】选项卡中单击【模拟分析】按钮，然后在弹出的菜单中选择【模拟运算表】命令，如图 7-3 所示。

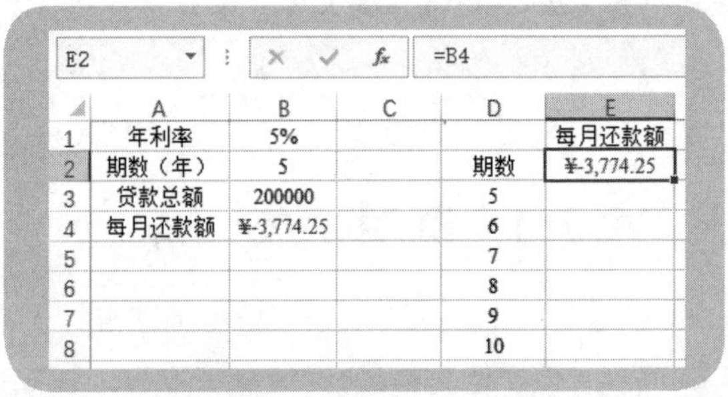

图 7-2　输入基础数据

图 7-3　选择【模拟运算表】命令

（3）打开【模拟运算表】对话框，由于可变的值（期数）位于 D 列，所以单击【输入引用列的单元格】文本框内部，然后在工作表中单击期数所在的 B2 单元格，如图 7-4 所示。

图 7-4　指定可变单元格的地址

（4）单击【确定】按钮，将自动计算出不同贷款期限下的每月还款额，如图 7-5 所示。

D	E
	每月还款额
期数	¥3,774.25
5	¥3,774.25
6	¥3,220.99
7	¥2,826.78
8	¥2,531.98
9	¥2,303.45
10	¥2,121.31

图 7-5　计算不同贷款期限下的每月还款额

7.1.2　双变量模拟分析

在实际应用中，可能需要分析两个可变的参数对计算结果产生的影响，此时可以进行双变量模拟分析。仍然使用上一个示例中的数据，现在想要计算在不同利率（4%～6%）和贷款期限（5～10 年）下的每月还款额，如图 7-6 所示。

D	E	F	G
¥3,774.25	4%	5%	6%
5	¥3,683.30	¥3,774.25	¥3,866.56
6	¥3,129.04	¥3,220.99	¥3,314.58
7	¥2,733.76	¥2,826.78	¥2,921.71
8	¥2,437.86	¥2,531.98	¥2,628.29
9	¥2,208.19	¥2,303.45	¥2,401.15
10	¥2,024.90	¥2,121.31	¥2,220.41

图 7-6　计算不同利率和贷款期限下的每月还款额

操作步骤如下：

（1）输入如图 7-7 所示的基础数据，E1:G1 单元格区域中包含不同的利率，D2:D7 单元格区域中包含不同的贷款期限，D1 单元格包含以下公式：

=B4

（2）选择 D1:G7 单元格区域，然后打开【模拟运算表】对话框，由于要计算的各个利率位于 D1:G7 单元格区域中的第一行，所以将【输入引用行的单元格】设置为【B1】。由于要计算的各个贷款期限位于 D1:G7 单元格区域中的第一列,所以将【输入引用列的单元格】设置为【B2】,如图 7-8 所示。单击【确定】按钮,将计算出不同利率和贷款期限下的每月还款额。

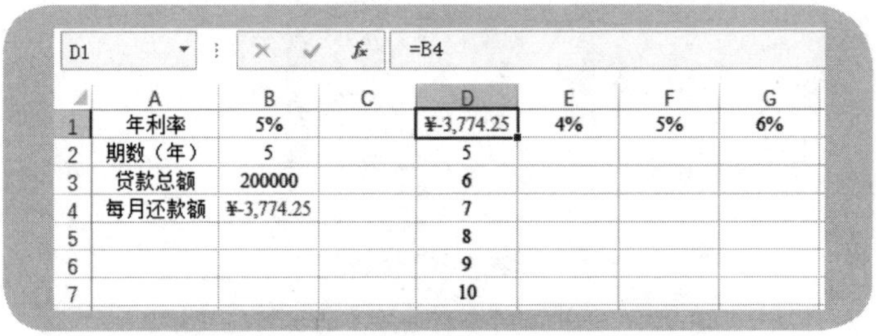

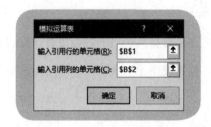

图 7-7 输入基础数据

图 7-8 选择引用的单元格

7.1.3 在多组条件下进行模拟分析

使用模拟运算表对数据进行模拟分析存在一些缺点:

(1)最多只能设置两个参数。

(2)如需对比分析多组数据,则反复修改参数的值会很不方便。

使用"方案管理器"功能可以为要分析的数据创建多组条件,每一组条件就是一个方案,其中可以包含多个可变参数。创建多个方案后,可以通过切换方案的名称查看分析结果。

下面仍以前两个示例中的数据为例,现在需要计算以下 3 种贷款方案,贷款总额都是 20 万元,但是每种方案的贷款期限和年利率不同,方案的名称以贷款年数和年利率命名,便于识别不同的方案。3 种贷款方案如下:

（1）5 年 5%：贷款总额 20 万元，贷款期限 5 年，年利率 5%。

（2）10 年 6%：贷款总额 20 万元，贷款期限 10 年，年利率 6%。

（3）15 年 7%：贷款总额 20 万元，贷款期限 15 年，年利率 7%。

计算每种贷款方案下的每月还款额的操作步骤如下：

（1）在 A1:B4 单元格区域中输入计算模型。方案中涉及的 3 个数据位于 B1、B2 和 B3 三个单元格中，先以其中一种方案的数据为准进行输入，并在 B4 单元格中输入用于计算每月还款额的公式，如图 7-9 所示。

（2）在功能区的【数据】选项卡中单击【模拟分析】按钮，然后在弹出的菜单中选择【方案管理器】命令，打开【方案管理器】对话框，单击【添加】按钮，如图 7-10 所示。

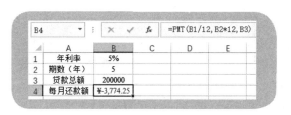

图 7-9　设置计算模型

图 7-10　单击【添加】按钮

（3）打开【添加方案】对话框，在【方案名】文本框中输入第一个方案的名称
"5 年 5%"，然后将【可变单元格】设置为【B1:B3】，这 3 个单元格对应于年利率、
期数和贷款总额，它们是在不同方案下发生变化的值，如图 7-11 所示。

图 7-11　设置第一个方案

（4）单击【确定】按钮，将打开【方案变量值】对话框，输入方案中各个变量
的值，然后单击【添加】按钮，创建第一个方案，如图 7-12 所示。

图 7-12　输入方案中各个变量的值

（5）重新显示【添加方案】对话框，重复第 3～4 步操作，继续创建其他两个方
案。如图 7-13 所示为其他两个方案在【方案变量值】对话框中的设置。

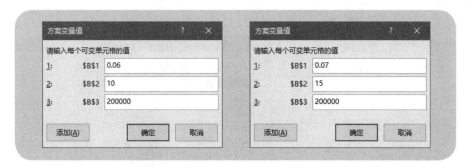

图 7-13 其他两个方案中参数的设置值

（6）在【方案变量值】对话框中设置好最后一个方案后，单击【确定】按钮，返回【方案管理器】对话框，将显示创建好的 3 个方案，如图 7-14 所示。

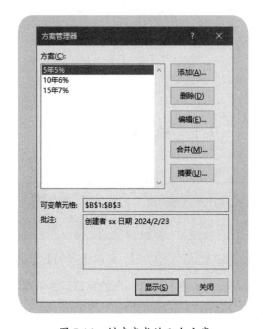

图 7-14 创建完成的 3 个方案

（7）选择要查看的方案，然后单击【显示】按钮，将所选方案中各个参数的值代入到公式中对应的单元格中进行计算。如图 7-15 所示是使用名为 "10 年 6%" 的方案计算出的每月还款额。

图 7-15 显示方案的计算结果

7.2 单 变 量 求 解

如需对数据进行与模拟分析相反方向的分析，可以使用"单变量求解"功能。求解 $6x^3-5x^2+3x=168$ 方程的根的操作步骤如下：

（1）假设在 B1 单元格中存储方程的根，可以将本例要求解的公式输入到 A1 单元格中。由于当前 B1 单元格中没有内容，所以将其当做 0 参与计算，此时公式的计算结果是 0，如图 7-16 所示。

=6*B1^3-5*B1^2+3*B1

图 7-16 输入公式

（2）在功能区的【数据】选项卡中单击【模拟分析】按钮，然后在弹出的菜单中选择【单变量求解】命令，打开【单变量求解】对话框，进行以下设置，如图 7-17 所示。

1）将【目标单元格】设置为公式所在的 A1 单元格。

2）将【目标值】设置为希望得到的计算结果 168。

3）将【可变单元格】设置为存储方程的根的 B1 单元格。

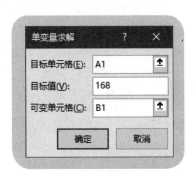

图 7-17　设置单变量求解

（3）单击【确定】按钮，将在【单变量求解状态】对话框中显示计算结果，并在 B1 单元格中显示求得的方程的根，如图 7-18 所示。单击【确定】按钮，保存计算结果。

图 7-18　计算出方程的根

7.3 规 划 求 解

单变量求解只能针对一个可变单元格进行求解，并且只能返回一个解，实际应用中的数据分析情况要复杂得多，此时可以使用"规划求解"功能。使用该功能可以为可变单元格设置约束条件，通过不断调整可变单元格的值，最终在目标单元格中找到想要的结果。规划求解有以下几个特点：

◆ 可以指定多个可变单元格。
◆ 可以为可变单元格的值设置约束条件。
◆ 可以求得解的最大值或最小值。
◆ 可以针对一个问题求出多个解。

7.3.1 加载规划求解

使用规划求解前需要先在 Excel 中启用该功能，操作步骤如下：

（1）打开【Excel 选项】对话框，选择【加载项】选项卡，在【管理】下拉列表中选择【Excel 加载项】，然后单击【转到】按钮，如图 7-19 所示。

图 7-19 选择【Excel 加载项】并单击【转到】按钮

（2）打开【加载项】对话框，选中【规划求解加载项】复选框，然后单击【确定】按钮，如图 7-20 所示。将在功能区的【数据】选项卡中显示【规划求解】按钮，如图 7-21 所示。

图 7-20 选中【规划求解加载项】复选框

图 7-21 在功能区中显示【规划求解】按钮

7.3.2 使用规划求解分析数据

规划求解主要是在经营决策和生产管理中用于实现资源的合理安排并使利益最大化。此处以产品的生产收益最大化为例来介绍规划求解的使用方法。如图 7-22 所示，A 列为每种产品的名称，B 列为每种产品的产量，C 列为每种产品的单价，D 列为每种产品的收益，收益=产量×单价。"总计"用于统计 3 种产品的总产量和总收益。各个单元格中的公式如下：

D2 单元格：=B2*C2

D3 单元格：=B3*C3

D4 单元格：=B4*C4

B5 单元格：=SUM(B2:B4)

D5 单元格：=SUM(D2:D4)

	A	B	C	D
1	产品名称	产量	单价	收益
2	A	100	50	5000
3	B	100	60	6000
4	C	100	70	7000
5	总计	300		18000

图 7-22　基础数据

由于 C 产品的单价最高，所以在产量相同的情况下，C 产品的收益最多。如果希望收益最大化，最理想的情况是只生产 C 产品。但是在实际情况下，通常会限制不同产品的产量。本例对产品的生产有以下几个约束条件：

（1）3 种产品每天的总产量是 300 单位。

（2）为了满足每天的订单需求量，A 产品每天的产量至少达到 80 单位。

（3）为了满足预计的订单需求量，B 产品每天的产量至少达到 60 单位。

（4）由于市场对 C 产品的需求量不太大，所以 C 产品每天的产量不能超过 50 单位。

使用"规划求解"功能可以在同时满足以上几个约束条件的情况下，让所有产品生产的总收益达到最大化，操作步骤如下：

（1）在功能区的【数据】选项卡中单击【规划求解】按钮，打开【规划求解参数】对话框，进行以下设置，如图 7-23 所示。

1）将【设置目标】设置为 D5，然后选中【最大值】单选钮，这是因为 3 种产品的总收益位于 D5 单元格中，并希望收益最大化。

2）将【通过更改可变单元格】设置为 B2:B4 单元格区域，这 3 个单元格包含 3 种产品的产量，本例想要求解的就是如何分配这 3 个产品的产量，使收益最大化。

图 7-23　设置目标单元格和可变单元格

（2）单击【添加】按钮，打开【添加约束】对话框。第一个约束条件是 3 种产品的总产量为 300，所以将【单元格引用】设置为包含总产量的 B5 单元格，然后从中间的下拉列表中选择【=】，再将【约束】文本框设置为【300】，如图 7-24 所示。

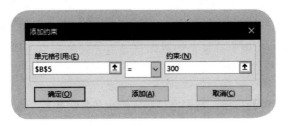

图 7-24　添加第一个约束条件

（3）设置好第一个约束条件后，单击【添加】按钮，使用与上一步相同的方法添加其他 3 个约束条件。表 7-1 列出了设置这些约束条件的参数，表中的各列依次对应于【添加约束】对话框中的 3 个选项。每个约束条件的设置如图 7-25 所示。

表 7-1　其他 3 个约束条件的参数

单元格引用	运算符	约束
B2	>=	80
B3	>=	60
B4	<=	50

图 7-25　设置其他 3 个约束条件

（4）设置好最后一个约束条件后，单击【确定】按钮，返回【规划求解参数】对话框，在【遵守约束】列表框中显示已设置完成的所有约束条件，如图 7-26 所示。

（5）单击【求解】按钮，将根据目标和约束条件对数据求解。找到一个解时将显示如图 7-27 所示的对话框，选中【保留规划求解的解】单选钮，然后单击【确定】按钮，将使用找到的解替换数据区域中的相关数据，如图 7-28 所示。

如果以后需要修改约束条件，则可以打开【规划求解参数】对话框，在【遵守约束】列表框中选择要修改的约束条件，然后单击【更改】按钮对其进行修改。

图 7-26　设置完成的所有约束条件

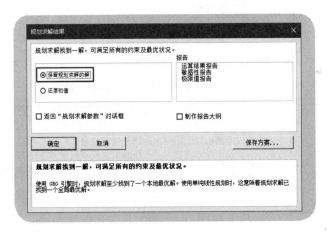

图 7-27　选中【保留规划求解的解】单选钮

	A	B	C	D
1	产品名称	产量	单价	收益
2	A	80	50	4000
3	B	170	60	10200
4	C	50	70	3500
5	总计	300		17700

图 7-28　规划求解结果

7.4 分析工具库

> 分析工具库提供了相对比较专业的统计分析、工程计算等方面的工具，这些工具以易于操作的图形界面，简化了 Excel 内置的统计函数和工程函数的使用难度。

与规划求解类似，在使用分析工具库中的工具之前需要先启用该功能。打开【加载项】对话框，选中【分析工具库】复选框，然后单击【确定】按钮，将在功能区的【数据】选项卡中显示【数据分析】按钮，如图 7-29 所示。表 7-2 列出了分析工具库中包含的分析工具及其说明。

图 7-29　在功能区中显示【数据分析】按钮

表 7-2　分析工具库包含的工具及其说明

工具名称	说　　明
方差分析	分析两组或两组以上的样本均值是否有显著性差异，包括 3 个工具：单因素方差分析、无重复双因素方差分析和可重复双因素方差分析
相关系数	分析两组数据之间的相关性，以确定两个测量值变量是否趋向于同时变动
协方差	与相关系数类似，也用于分析两个变量之间的关联变化程度
描述统计	分析数据的趋中性和易变性
指数平滑	根据前期预测值导出新的预测值，并修正前期预测值的误差。以平滑常数 a 的大小决定本次预测对前期预测误差的修正程度
F–检验双样本方差	比较两个样本总体的方差
傅里叶分析	解决线性系统问题，并可以通过快速傅立叶变换分析周期性数据
直方图	计算数据的单个和累积频率，用于统计某个数值在数据集中出现的次数
移动平均	基于特定的过去某段时期中变量的平均值来预测未来值

工具名称	说　明
随机数发生器	以指定的分布类型生成一系列独立随机数字，通过概率分布来表示样本总体中的主体特征
排位与百分比排位	"排位与百分比排位"分析工具可以产生一个数据表，在其中包含数据集中各个数值的顺序排位和百分比排位。 该工具用来分析数据集中各数值间的相对位置关系
回归	通过对一组观察值使用"最小二乘法"直线拟合来进行线性回归分析，用于分析单个因变量是如何受一个或多个自变量影响的
抽样	以数据源区域为样本总体来创建一个样本，当总体太大以至于不能进行处理或绘制时，可以选用具有代表性的样本。如果确定数据源区域中的数据是周期性的，则可以仅对一个周期中特定时间段的数值进行采样
t–检验	基于每个样本检验样本总体平均值的等同性，包括 3 个工具：双样本等方差假设 t–检验、双样本异方差假设 t–检验、平均值的成对二样本分析 t–检验
z–检验	以指定的显著水平检验两个样本均值是否相等

使用分析工具库中的工具需要具备相应的统计学知识，由于篇幅所限，此处不做详细介绍，有兴趣的读者可以自行尝试。

第 8 章

使用图表展示数据

图表是将数据以特定尺寸的线条和形状绘制出来的一种描绘数据的图形化方式，能够直观反映数据的含义。Excel 提供了丰富的图表类型，可以为具有不同结构和分析目的的数据创建适合的图表。本章内容分为两个部分，第一个部分介绍创建和编辑图表的基本操作，这些内容是创建任何类型图表的基础，第二个部分介绍创建特定类型图表的方法。

8.1 创建和编辑图表

> 如果对图表的基本概念和操作还不太了解，则需要认真学习本节内容，因为它们是本章第二部分创建图表示例所需具备的基础。如果已经对这些内容非常熟悉，则可以直接跳转到本章 8.2 节。

8.1.1 Excel 中的图表类型

Excel 提供了大量的图表类型，每种图表类型包含一个或多个子类型，不同的图表类型能够以不同的图形化方式展示数据。表 8-1 列出了 Excel 中的图表类型及其说明。

表 8-1 Excel 中的图表类型及其说明

图表类型	说　　　明	图　　示
柱形图	显示一段时间内的数据变化情况，或对比数据之间的差异，通常横轴表示数据类别，纵轴表示数据的值	
条形图	显示各个数据之间的比较情况，适用于连续时间的数据或横轴文本过长的情况	
折线图	显示随时间变化的连续数据，通常横轴表示数据类别，纵轴表示数据的值	

续表

图表类型	说　　　明	图　　示
XY 散点图	显示若干数据系列中各数值之间的关系，或将两组数值绘制为 xy 坐标的一个系列。散点图有两个数值轴，将这些数值合并到单一数据点并显示为不均匀间隔或簇	
气泡图	气泡图只有数值坐标轴，没有分类坐标轴，使用 X 轴和 Y 轴的数据绘制气泡的位置，然后使用第 3 列数据表示气泡的大小，用于描绘 3 类数据之间的关系	
饼图	显示一个数据系列中各项的大小与各项总和之间的比例关系	
圆环图	与饼图类似，但是可以包含多个数据系列	
面积图	显示所绘制的值的总和，或部分与整体之间的关系，用于强调数量随时间而变化的程度	
曲面图	找到两组数据之间的最佳组合，与地形图类似，颜色和图案表示相同数值范围的区域	
股价图	显示股价的波动，也可用于科学数据，需要根据股价图的子类型来选择合适的数据区域	
雷达图	显示数据系列相对于中心点以及各数据分类间的变化，每一个分类都有自己的坐标轴	
树状图	比较层级结构不同级别的值，以矩形显示层次结构级别中的比例，适用于按层次结构组织并具有较少类别的数据	
旭日图	比较层级结构不同级别的值，以环形显示层次结构级别中的比例，适用于按层次结构组织并具有较多类别的数据	
直方图	由一系列高度不等的纵向条纹或线段表示数据分布的情况，通常横轴表示数据类型，纵轴表示分布情况。直方图类型包括直方图和排列图两种子类型	
箱形图	显示一组数据的分散情况资料，适用于以某种方式关联在一起的数据，常见于品质管理	
瀑布图	显示数据的多少以及各部分数据之间的差异，适用于包含正、负值的数据，比如财务数据	
漏斗图	按照特定顺序显示各个部分的占比情况	

8.1.2　图表的结构

组成一个图表的各部分元素称为图表元素，不同的图表可以包含不同的图表元素。如图 8-1 所示的图表包含以下图表元素。

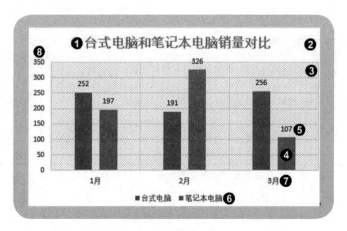

图 8-1　图表的结构

❶**图表标题**：图表顶部的文字，用于描述图表的含义。

❷**图表区**：图表区与整个图表等大，所有图表元素都位于图表区中。选择图表区相当于选中了整个图表，选中的图表的四周显示边框及其上的 8 个控制点，拖动这些控制点可以改变图表的大小。

❸**绘图区**：数据系列、数据标签、网格线等图表元素都位于绘图区中，可将其看作这些图表元素的背景。

❹**数据系列**：显示在绘图区中的矩形，同一种颜色的所有矩形构成一组，每一组矩形对应于一个数据系列，每个数据系列对应于数据区域中的一行或一列数据，数据系列中的每个矩形代表一个数据点，它是数据区域中某个单元格中的值。数据系列在不同类型的图表中会显示成不同的形状。

❺**数据标签**：每个矩形顶部的数字，用于标识每个矩形代表的值。

❻**图例**：绘图区下方带有颜色块的文字，每个颜色块与一个数据系列的颜色相对应，图例标识各个数据系列的含义。

❼**横坐标轴**：横坐标轴位于绘图区的下方，在横坐标轴中显示分类信息（本例是月份）。

❽**纵坐标轴**：纵坐标轴位于绘图区的左侧，在纵坐标轴中显示数值信息（本例是销量）。

提示

在上图中还包含一种图表元素——网格线，它是沿着纵坐标轴的每个刻度自动向右延伸的横线，用于为数据系列汇总每个矩形的值提供视觉辅助。网格线分为纵横两种。

8.1.3　创建图表的基本流程

在 Excel 中创建一个图表的基本流程如下：

（1）检查数据区域，确保其符合要求。

（2）选择数据区域中的任意一个单元格。

（3）在功能区中的【插入】选项卡的【图表】组中单击一种图表类型的按钮，然后在打开的列表中选择一种图表类型，如图 8-2 所示是单击【插入柱形图或条形图】按钮后打开的列表。

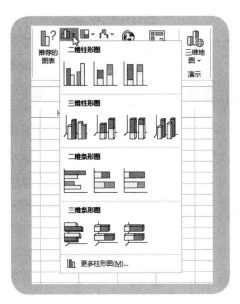

图 8-2　选择图表类型

（4）一个包含当前数据区域的图表将被添加到当前工作表中，如图 8-3 所示。

（5）根据需要调整图表的大小，并移动图表到合适的位置。如果需要，还可以更改已创建的图表的类型。

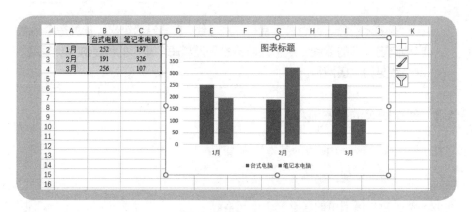

图 8-3　使用单元格区域中的数据创建图表

（6）修改图表顶部的标题，设置其他图表元素的显示方式，包括显示或隐藏、在图表中的位置、外观格式等。

创建图表时需要注意以下几点：

1）为了在图表中显示完整的数据，创建图表前，需要确保单元格区域中的数据是连续的。

2）如果数据区域中的行数大于列数，则将第一列设置为图表的横坐标轴，并将其他列设置为图表的数据系列；否则，将第一行设置为图表的横坐标轴，并将其他行设置为图表的数据系列。

接下来的几个小节将逐一介绍上述流程中涉及的每一个步骤的操作方法。

8.1.4　调整图表的大小和位置

单击图表的图表区，然后拖动图表边框上的控制点，可以简单地调整图表的大小。如需按照特定尺寸调整图表的大小，可以选择图表，然后在功能区的【格式】选项卡中修改【大小】组中两个文本框的值，如图 8-4 所示。

如果希望按照图表现有的长宽比例，等比例地调整图表的大小，则需要单击【大小】组右下角的对话框启动器，在打开的窗格中选中【锁定纵横比】复选框，如图8-5 所示。

图 8-4　按照特定尺寸调整图表的大小

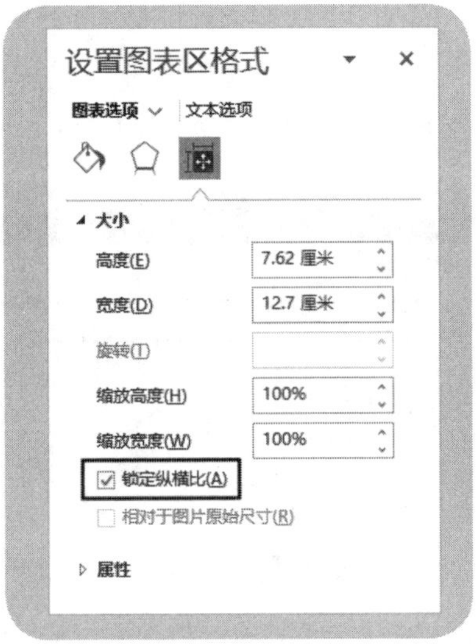

设置图表区格式

图表选项 ∨　文本选项

▲ 大小

高度(E)　　　　7.62 厘米

宽度(D)　　　　12.7 厘米

旋转(T)

缩放高度(H)　　100%

缩放宽度(W)　　100%

☑ 锁定纵横比(A)

☐ 相对于图片原始尺寸(R)

▷ 属性

图 8-5　选中【锁定纵横比】复选框

　　如需在工作表中移动图表的位置，可以拖动图表的图表区，将图表拖动到当前工作表中的某个位置。

　　前面介绍的图表都是嵌入式图表，这类图表创建在一个工作表中，在图表的周围可以有或没有数据区域。实际上，还可以将已创建的图表移动到一个独立的工作表中，此时图表将占满整个工作表，并且拥有自己的工作表标签，在该工作表中不再包含数据区域。将这种图表称为图表工作表。

　　如需将一个嵌入式图表转换为图表工作表，可以右键单击嵌入式图表，在弹出的菜单中选择【移动图表】命令，如图 8-6 所示，在打开的对话框中选中【新工作表】单选钮，并在右侧的文本框中输入工作表的名称（以后也可以修改），如图 8-7 所示。

　　单击【确定】按钮，即可将嵌入式图表转换为图表工作表，如图 8-8 所示。

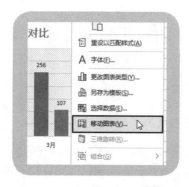

图 8-6　选择【移动图表】命令

图 8-7　选中【新工作表】单选钮

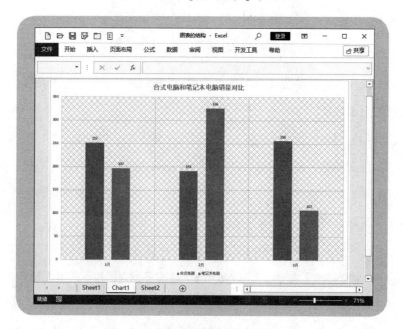

图 8-8　图表工作表

提示

> 可以使用类似的方法将图表工作表转换为嵌入式图表，只需右键单击图表工作表中的图表，在弹出的菜单中选择【移动图表】命令，然后在打开的对话框中选中【对象位于】单选钮，再在右侧的下拉列表中选择一个工作表即可。

8.1.5　更改图表类型

创建图表后，可以随时更改图表的类型。只需右键单击图表的图表区，在弹出的菜单中选择【更改图表类型】命令，然后在打开的【更改图表类型】对话框中选择图表类型及其子类型，如图 8-9 所示。

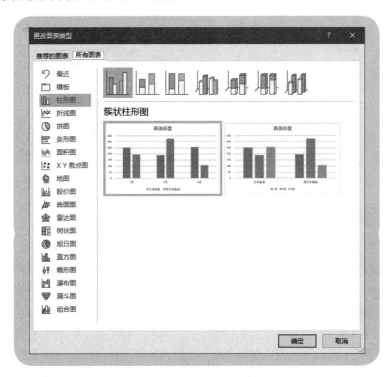

图 8-9　更改图表类型

如需在一个图表中展现多种图表类型，可以在【更改图表类型】对话框的【所有图表】选项卡中选择【组合图】，然后在右侧为不同的数据系列设置不同的图表类型。如图 8-10 所示。

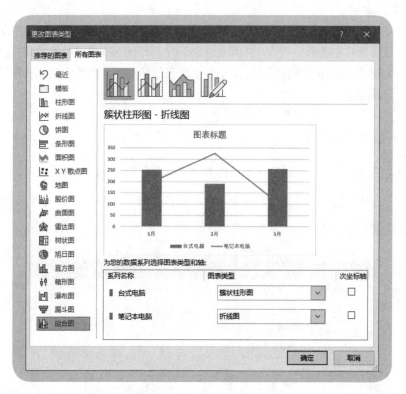

图 8-10　创建组合图表

提示

如果各个数据系列具有不同的数值单位，为了不影响图表的显示效果，需要选中【次坐标轴】复选框，使用不同的坐标轴刻度显示数据系列的值。

8.1.6　修改图表标题

创建图表后，在图表的顶部将显示一个默认标题。如需修改该标题中的文字，需要先单击图表标题将其选中，如图 8-11 所示。然后再次单击该标题，进入编辑状态，图表标题的边框将变成虚线，如图 8-12 所示。删除原来的文字并输入新的文字，完成后单击图表标题之外的位置。

图 8-11 选中图表标题

图 8-12 进入编辑状态

8.1.7 设置图表元素的显示方式

创建图表后，可以根据显示和分析方面的需要，灵活地在图表中显示或隐藏图表元素。选择图表，然后在功能区的【图表设计】选项卡中单击【添加图表元素】按钮，打开如图 8-13 所示的列表，从中选择显示或隐藏的图表元素类别。

图 8-13 选择显示或隐藏的图表元素类别

从图 8-13 中选择一种图表元素，在打开的子菜单中选择该图表元素在图表中是否显示以及显示在哪里。如图 8-14 所示是选择【图例】后的选项，选择【无】将不显示图例，选择其他几个选项将显示图例并指定显示的位置。

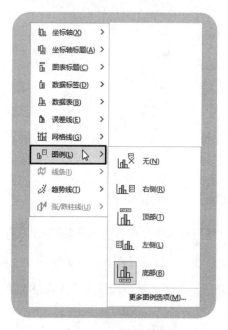

图 8-14　选择特定图表元素的显示方式

提示

如需将图表元素移动到图表中的特定位置，可以直接在图表中拖动图表元素。

除了设置图表元素的显示或隐藏之外，还可以设置图表元素的格式，只需在功能区的【格式】选项卡中进行以下设置，如图 8-15 所示。

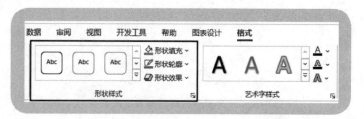

图 8-15　使用【形状样式】组设置图表元素的格式

（1）**形状样式库**：从形状样式库中选择预置的格式方案，如图 8-16 所示。

（2）**形状填充**：单击【形状填充】按钮，然后设置图表元素额填充色或填充效果。

（3）**形状轮廓**：单击【形状轮廓】按钮，然后设置图表元素的边框格式。

（4）**形状效果**：单击【形状效果】按钮，然后设置图表元素的特殊效果，例如阴影、发光、棱台等。

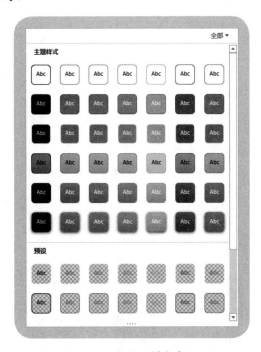

图 8-16　形状样式库

如需对图表元素的格式进行更详细的设置，可以双击图表中的某个图表元素，然后在打开的窗格中进行设置，如图 8-17 所示。

8.1.8　在图表中添加或删除数据系列

数据系列是图表中最重要的图表元素，图表的很多操作都与数据系列有关，例如在图表中添加或删除数据、为数据系列添加数据标签、添加趋势线和误差线等。

如需将一个数据系列从图表中删除，只需在图表中单击该数据系列中的任意一个形状，将自动选中该形状所属的数据系列中的所有形状，如图 8-18 所示，然后按 Delete 键，即可将选中的数据系列删除。

图 8-17　对图表元素的格式进行更详细的设置

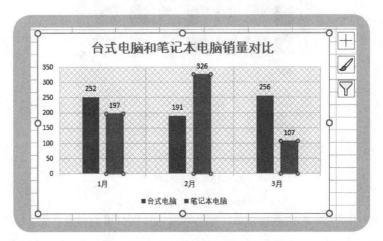

图 8-18　单击一个形状将自动选中整组形状

在图表中添加新的数据系列有以下两种方法：

（1）在工作表中选择要添加到图表中的数据区域，然后按 Ctrl+C 组合键。选择图表后按 Ctrl+V 组合键。

（2）右键单击图表后选择【选择数据】命令，打开【选择数据源】对话框，在工作表中选择想要绘制到图表中的完整数据区域（包括现有区域和新添加的区域）。然后单击【确定】按钮，如图 8-19 所示。

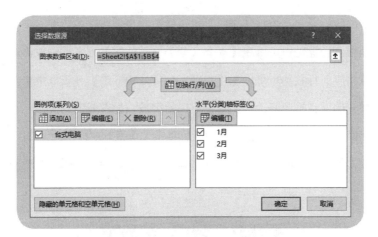

图 8-19 【选择数据源】对话框

> **注意**
>
> 选择数据前，需要确保【图表数据区域】文本框中的内容处于选中状态，以便在选择新的区域后能够替换文本框中的现有区域。

在【选择数据源】对话框中还可以对数据系列进行以下操作：

（1）**调整数据系列的位置**：在【图例项（系列）】列表框中选择一项，然后单击 ⌃ 按钮或 ⌄ 按钮，可以调整该数据系列在所有数据系列中的位置。

（2）**编辑单独的数据系列**：在【图例项（系列）】列表框中选择一项，然后单击【编辑】按钮，在打开的对话框中可以修改数据系列的名称和值，如图 8-20 所示。

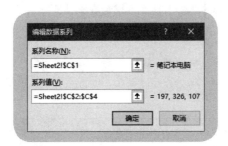

图 8-20 修改数据系列

（3）**添加或删除数据系列**：在【图例项（系列）】列表框中单击【添加】按钮，

可以添加新的数据系列，单击【删除】按钮将删除当前所选的数据系列。

（4）**编辑横坐标轴**：可以在【水平（分类）轴标签】列表框中取消选中某些复选框来隐藏相应的标签，也可以在【水平（分类）轴标签】列表框中单击【编辑】按钮，在打开的对话框中修改横坐标轴所在的区域，如图 8-21 所示。

（5）**交换数据系列与横坐标轴的位置**：单击【切换行/列】按钮，将对调图表中的行、列数据的位置，即将原来的数据系列改为横坐标轴，将原来的横坐标轴改为数据系列。

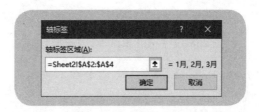

图 8-21　修改横坐标轴

8.1.9　删除图表

删除嵌入式图表有以下方法：

（1）单击图表的图表区，然后按 Delete 键。

（2）右键单击图表的图表区，在弹出的菜单中选择【剪切】命令。

删除图表工作表的方法类似于删除工作表，只需右键单击图表工作表的工作表标签，在弹出的菜单中选择【删除】命令，然后在确认删除对话框中单击【删除】按钮。

8.2　图　表　示　例

　　本章前面的示例一直使用的是柱形图，条形图与柱形图类似，相当于是旋转了 90 度以后的柱形图，所以本节不再重复介绍它们。本节将介绍一些常用图表类型的创建方法，包括折线图、散点图、饼图、漏斗图、瀑布图、直方图、排列图、箱形图等，其中包括创建图表时的一些有用技巧。

8.2.1 折线图

使用折线图可以分析数据的变化趋势,尤其适合展示数据随着时间的变化趋势。在折线图中使用直线连接各个数据点,横坐标轴表示时间的推移,纵坐标轴表示不同时间的数据。如图 8-22 所示是一个显示日销量的变化趋势的折线图。

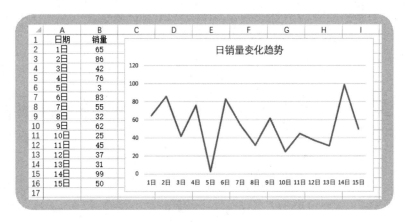

图 8-22　折线图

如需创建该图表,可以选择数据区域中的任意一个单元格,然后在功能区的【插入】选项卡中单击【插入折线图或面积图】按钮,在打开的列表中选择【折线图】,如图 8-23 所示。

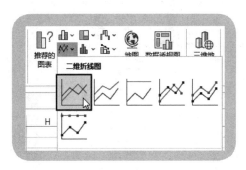

图 8-23　选择【折线图】

8.2.2 散点图

使用散点图可以分析两组数值之间的关系,散点图中的横坐标轴和纵坐标轴都表示的是数值，而没有分类信息。如图 8-24 所示是一个显示身高和体重相关性的散点图。

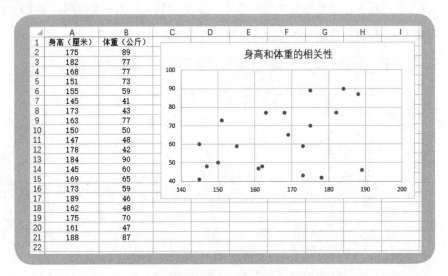

图 8-24　散点图

如需创建该图表，可以选择数据区域中的任意一个单元格，然后在功能区的【插入】选项卡中单击【插入散点图或气泡图】按钮，在打开的列表中选择【散点图】，如图 8-25 所示。

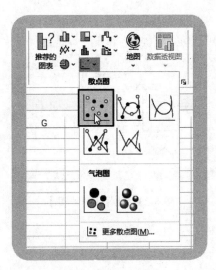

图 8-25　选择【散点图】

将在当前工作表中插入如图 8-26 所示的散点图，所有数据点绘制在了散点图的右侧部分，这是因为散点图中的横、纵坐标轴的最小刻度都是从 0 开始的，但是数据区域中数据的最小值分别在 140 和 40 以上，所以绘制的数据点集中在散点图的右侧靠上的区域。

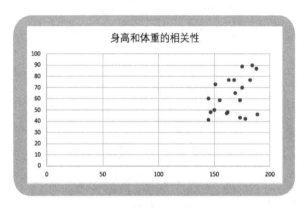

图 8-26　初始创建的散点图

为了使散点图具有更好的显示效果，需要修改横、纵坐标轴的最小刻度，操作步骤如下：

（1）右键单击横坐标轴中的任意一个刻度，在弹出的菜单中选择【设置坐标轴格式】命令，如图 8-27 所示。

（2）打开如图 8-28 所示的窗格，将【最小值】设置为【140】。

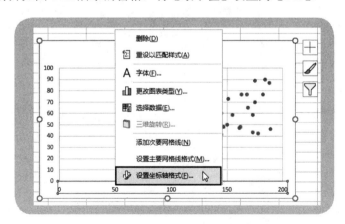

图 8-27　选择【设置坐标轴格式】命令

图 8-28　修改横坐标轴的最小刻度

（3）不要关闭上图的窗格，单击窗格顶部位于"坐标轴选项"文字右侧的下拉按钮，在打开的列表中选择【垂直（值）轴】选项，如图 8-29 所示。

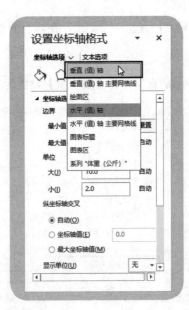

图 8-29　选择【垂直（值）轴】选项

（4）显示如图 8-30 所示的界面，将【最小值】设置为【40】，此处设置的是纵坐标轴的最小刻度。设置完成后，关闭窗格。

图 8-30 　设置纵坐标轴的最小刻度

8.2.3　漏斗图

使用漏斗图可以分析事物发展变化的趋势。在漏斗图中使用多个自上而下面积逐渐变小的形状来表示一个环节与上一个环节之间的差异。各个形状之间具有逻辑上的顺序关系，展现的是业务目标随着业务流程推进完成的情况。如图 8-31 所示是一个显示购物流程成功交易量的漏斗图。

如需创建该图表，可以选择数据区域中的任意一个单元格，然后在功能区的【插入】选项卡中单击【插入瀑布图、漏斗图、股价图、曲面图或雷达图】按钮，在打开的列表中选择【漏斗图】，如图 8-32 所示。

如需去除各部分形状之间的空隙，可以右键单击漏斗图中的任意一个形状，在弹出的菜单中选择【设置数据系列格式】命令，然后在打开的窗格中将【间隙宽度】设置为【0%】，或将其滑块拖动到最左侧，如图 8-33 所示。

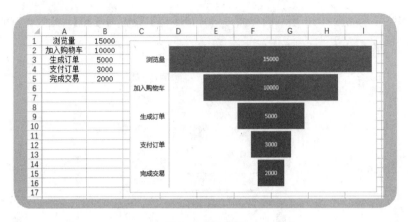

图 8-31　漏斗图

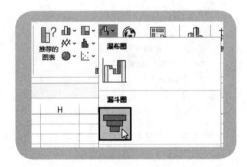

图 8-32　选择【漏斗图】

图 8-33　将【间隙宽度】设置为【0】

8.2.4　瀑布图

使用瀑布图可以分析一组数据中各个部分的大小和增减变化情况，展示一系列正值和负值的累积影响。瀑布图由一系列彼此间隔的矩形组成，矩形的高度表示数值的大小。如图 8-34 所示是一个显示财务收支情况的瀑布图。

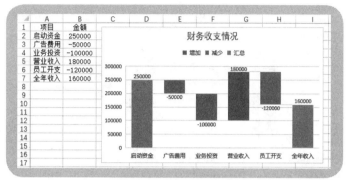

图 8-34　瀑 布 图

如需创建该图表，可以选择数据区域中的任意一个单元格，然后在功能区的【插入】选项卡中单击【插入瀑布图、漏斗图、股价图、曲面图或雷达图】按钮，在打开的列表中选择【瀑布图】，如图 8-35 所示。

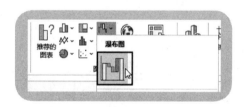

图 8-35　选择【瀑布图】

将在当前工作表中插入如图 8-36 所示的瀑布图。单击与"启动资金"对应的形状，将选中所有形状。再次单击该形状将单独将其选中，然后右键单击该形状后选择【设置为汇总】命令，如图 8-37 所示。对与"全年收入"对应的形状执行相同的操作。

8.2.5　直方图

直方图又称为质量分布图，使用直方图可以分析数据的频率分布情况。直方图由一系列高度不等的矩形组成，横坐标轴表示数值区间，纵坐标轴表示每个区间的频数，矩形的高度表示频数的大小。频数是指一组数据出现的次数或数量。如图 8-38 所示是一个显示员工年龄分布的直方图。

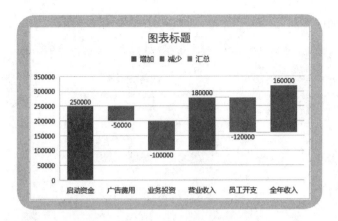

图 8-36 初始创建的瀑布图

图 8-37 选择【设置为汇总】命令

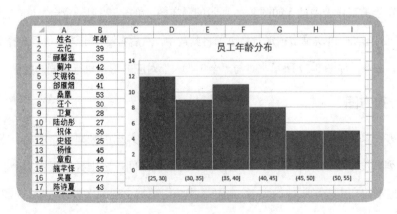

图 8-38 直方图

如需创建该图表，可以选择数据区域中的任意一个单元格，然后在功能区的【插入】选项卡中单击【插入统计图表】按钮，在打开的列表中选择【直方图】，如图 8-39 所示。

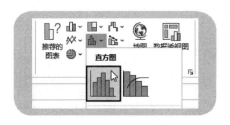

图 8-39　选择【直方图】

将在当前工作表中插入如图 8-40 所示的直方图。为了修改年龄区间，可以右键单击横坐标轴中的任意一个刻度，在弹出的菜单中选择【设置坐标轴格式】命令，然后在打开的窗格中将【箱宽度】设置为【5】，如图 8-41 所示，最后关闭该窗格。

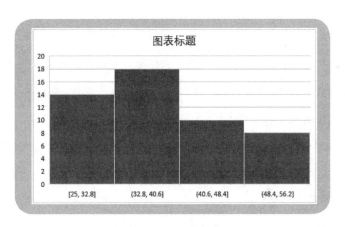

图 8-40　初始创建的直方图

直方图的外观看起来与柱形图类似，但是它们有着本质区别：直方图中的矩形之间是彼此相邻的，表示的是连续的数据；柱形图中的矩形之间是分离的，表示的是分类信息。

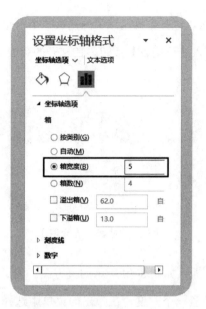

图 8-41　设置【箱宽度】选项

8.2.6　排列图

排列图又称为帕累托图，用于分析一组数据中各个部分的频数以及累计频率，横坐标轴是表示一组数据中各个部分的分类信息，并按照频率从大到小进行排列，左侧纵坐标轴表示各个部分的频数，右侧纵坐标轴表示频率。如图 8-42 所示是一个显示订单取消原因占比的排列图。

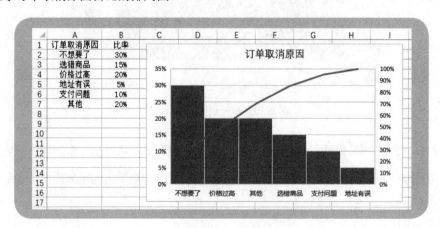

图 8-42　排列图

如需创建该图表，可以选择数据区域中的任意一个单元格，然后在功能区的【插入】选项卡中单击【插入统计图表】按钮，在打开的列表中选择【排列图】，如图 8-43 所示。无需预先对数据区域中的数值降序排列，Excel 会在创建排列图时自动降序排列数据。

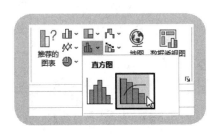

图 8-43　选择【排列图】

8.2.7　箱形图

箱形图又称为盒须图，用于分析数据的分散情况。如图 8-44 所示是一个对 3 组样本数据进行比较的箱形图。

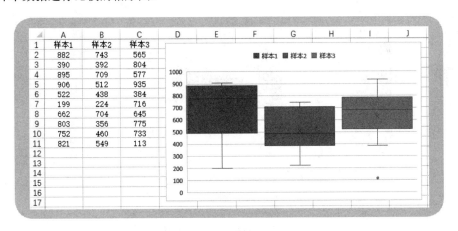

图 8-44　箱形图

如需创建该图表，可以选择数据区域中的任意一个单元格，然后在功能区的【插入】选项卡中单击【插入统计图表】按钮，在打开的列表中选择【箱形图】，如图 8-45 所示。

图 8-45　选择【箱形图】

　　将在当前工作表中插入如图 8-46 所示的箱形图。选择图表标题，按 Delete 键将其删除。然后选择横坐标轴，按 Delete 键将其删除。再在功能区的【图表设计】选项卡中单击【添加图表元素】按钮，在打开的列表中选择【图例】→【顶部】命令，在图表的顶部显示图例，如图 8-47 所示。

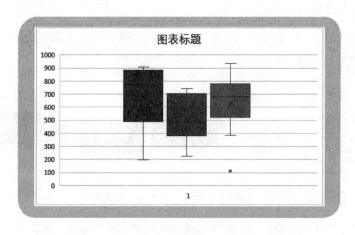

图 8-46　初始创建的箱形图

　　右键单击数据系列中的任意一个形状，在弹出的菜单中选择【设置数据系列格式】命令，然后在打开的窗格中将【间隙宽度】设置为【0%】，如图 8-48 所示，最后关闭该窗格。

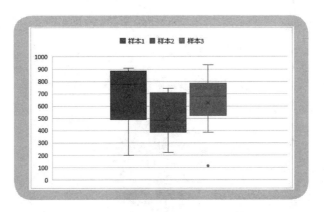

图 8-47　删除图表标题和横坐标轴并添加图例

图 8-48　将【间隙宽度】设置为【0%】

8.2.8　在饼图中切换显示多组数据

使用饼图可以分析一组数据中各个部分所占的比例大小。饼图是将一个圆形划分为多个扇区，每个扇区的大小对应于一组数据中各个部分的占比。在饼图中只能显示一个数据系列，如需查看多组数据的占比，需要反复修改数据源以将不同数据区域绘制到饼图中。

为了解决这个问题，可以在饼图中添加一个下拉列表，其中包含各组数据的标题，通过在下拉列表中选择不同的标题来切换显示在饼图中的数据系列，如图 8-49 所示。

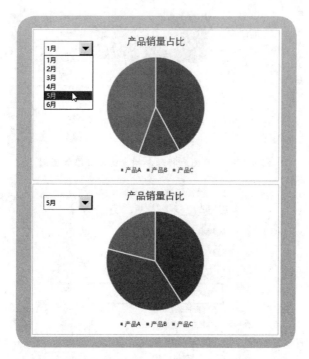

图 8-49　在饼图中快速切换显示不同季度的销售额

实现该功能的操作步骤如下：

（1）在一个工作表中输入基础数据，本例数据位于 A1:D7 单元格区域中。

（2）根据数据区域中除去标题行之外的其他行的总数，在数据区域之外的一个单元格中输入总数范围内的任意一个数字。本例数据区域位于 A1:D7，该区域共有 7 行，除去标题行之外还有 6 行，所以输入的数字的范围是 1～6。例如在 A9 单元格中输入 3，然后在 B9 单元格中输入下面的公式，使用 INDEX 函数在 B 列查找 A9 单元格中的数字表示的行号所对应的数据，如图 8-50 所示。

```
=INDEX(B2:B7,$A$9)
```

（3）将 B9 单元格中的公式向右一直复制到 D9 单元格，获取同行其他列中的数据，如图 8-51 所示。

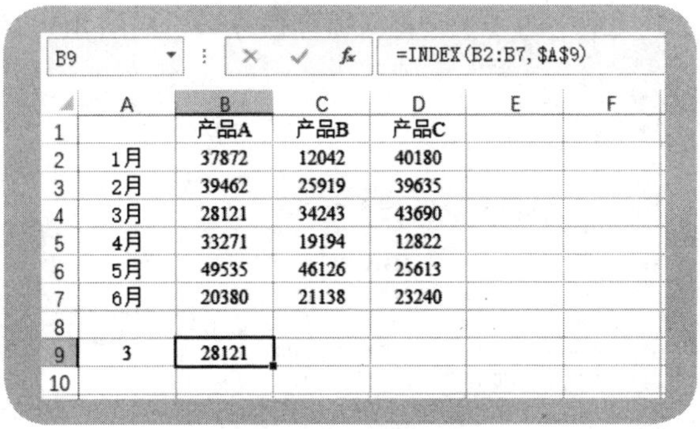

图 8-50 使用 INDEX 函数获取数据

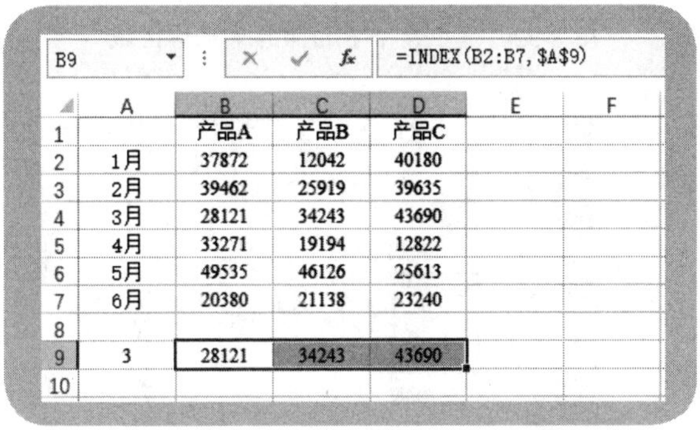

图 8-51 复制公式以获取其他数据

> **注意**
>
> 为了将公式复制到右侧单元格时能够得到正确结果，需要将 INDEX 函数的第二个参数的单元格引用设置为绝对引用，在复制公式时该单元格的地址将始终保持不变。

（4）选择 B1:D1 单元格区域，按住 Ctrl 键后选择 B9:D9 单元格区域，以便同时选中这两个单元格区域，如图 8-52 所示。

（5）在功能区的【插入】选项卡中单击【插入饼图或圆环图】按钮，在打开的列表中选择【饼图】，如图 8-53 所示。

（6）将在当前工作表中插入一个饼图，如图 8-54 所示。

（7）在功能区的【开发工具】选项卡中单击【插入】按钮，然后在打开的列表中选择【表单控件】类别中的【组合框（窗体控件）】，如图 8-55 所示。

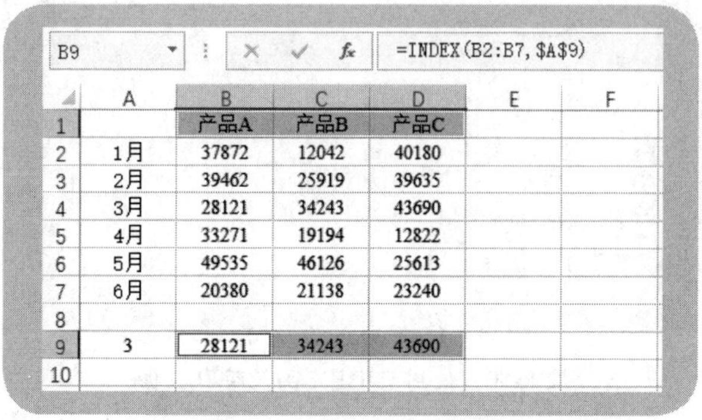

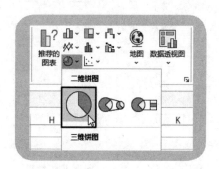

图 8-52　选中两个不相邻的单元格区域

图 8-53　选择【饼图】

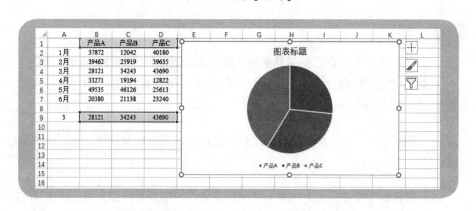

图 8-54　基于两个单元格区域中的数据创建饼图

　　（8）在图表中的适当位置拖动鼠标，将插入一个组合框控件。右键单击该控件，在弹出的菜单中选择【设置控件格式】命令，如图 8-56 所示。

图 8-55　选择【组合框（窗体控件）】

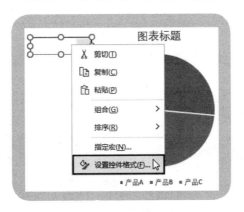

图 8-56　选择【设置控件格式】命令

（9）打开如图 8-57 所示的对话框，在【控制】选项卡中进行以下设置：

1）将【数据源区域】设置为【A2:A7】。

2）将【单元格链接】设置为【A9】。

（10）单击【确定】按钮，关闭【设置控件格式】对话框。单击组合框控件之外
的位置，取消组合框控件的选中状态。然后单击组合框控件上的下拉按钮，在打开

的列表中将显示 A 列中的月份名称，如图 8-58 所示。选择任意一项，将在饼图中
显示相应月份的数据。

图 8-57　设置组合框控件的选项

图 8-58　在下拉列表中显示月份名称

BI 是商务智能的英文缩写，微软在该领域开发了 Power BI 软件，使用该软件可以对商业数据进行智能分析。微软的 Power BI 有两种使用方式：一种是下载并安装名为 Power BI Desktop 的免费程序，另一种是在 Excel 中安装 Power Query、Power Pivot 和 Power Map 等加载项，它们能够提供与 Power BI Desktop 类似的功能。本章将介绍在 Excel 中使用 Power Query 和 Power Pivot 进行数据分析的方法。

9.1 在 Excel 中安装 Power 加载项

如果使用的是 Excel 2016 或 Excel 更高版本，则 Power Query 已经内置到这些 Excel 版本中，该功能位于功能区的【数据】选项卡中，如图 9-1 所示。

图 9-1 Power Query 功能位于功能区的【数据】选项卡中

在 Excel 中安装 Power Pivot 加载项的操作步骤如下：

（1）打开【Excel 选项】对话框，在【加载项】选项卡中的【管理】下拉列表中选择【COM 加载项】，然后单击【转到】按钮，如图 9-2 所示。

注意

如需在 Excel 2013 或 Excel 更低版本中使用 Power BI 功能，需要在微软官方网站中下载相关的文件并进行安装。

图 9-2　选择【COM 加载项】后单击【转到】按钮

（2）打开【COM 加载项】对话框，选中【Microsoft Power Pivot for Excel】复
选框，然后单击【确定】按钮，如图 9-3 所示。

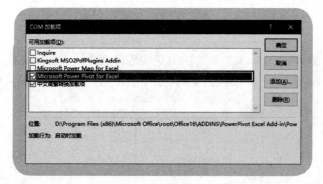

图 9-3　选中【Microsoft Power Pivot for Excel】复选框

将在 Excel 功能区中显示【Power Pivot】选项卡，使用该选项卡中的命令可以
为数据建模，如图 9-4 所示。

图 9-4　在功能区中显示【Power Pivot】选项卡

9.2 导入和刷新数据

本节将介绍在 Excel 中使用 Power Query 导入和刷新数据的方法,包括导入不同来源的数据、重命名和删除查询、将导入的数据加载到 Excel 工作表中、刷新数据以及更改数据源。

9.2.1 导入不同来源的数据

使用 Power Query 加载项可以在 Excel 中导入多种来源的数据,分为文件、数据库、云数据、在线服务等几类,具体类型包括 Excel 工作簿、文本文件、XML 文件、JSON 文件、Access 数据库、SQL Server 数据库、Oracle 数据库、MySQL 数据库、IBM Db2 数据库、Azure 云数据、SharePoint、Active Directory、Odata 开源数据以及 Hadoop 分布式系统等。

如需使用 Power Query 导入数据,可以在功能区的【数据】选项卡中单击【获取数据】按钮,然后在弹出的菜单中选择导入的数据类别,再在子菜单中选择具体的数据类型,如图 9-5 所示。第 2 章曾经介绍过导入几种常见数据类型的方法,此处就不再赘述了。

图 9-5 选择要导入的数据类别

9.2.2　重命名和删除查询

将数据导入到 Excel 中会自动创建一个"查询"，并显示在【查询&连接】窗格中，如图 9-6 所示。

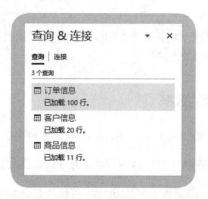

图 9-6　【查询&连接】窗格

当在【查询&连接】窗格中存在多个查询时，为了便于识别不同的查询，可以为查询设置有意义的名称。在【查询&连接】窗格中右键单击要修改的查询，然后在弹出的菜单中选择【重命名】命令，输入新的名称后按 Enter 键，如图 9-7 所示。

图 9-7　选择【重命名】命令

如需删除某个查询，可以在【查询&连接】窗格中右键单击该查询，然后在弹出的菜单中选择【删除】命令，将显示如图 9-8 所示的确认信息，单击【删除】按钮将删除该查询。

图 9-8　删除查询前的确认信息

9.2.3　将数据加载到 Excel 工作表中

默认情况下，如果导入的是一个表中的数据，则在导入后会自动将数据加载到一个新的工作表中，如图 9-9 所示。如果导入的是多个表，则会自动将它们添加到 Power Pivot 中，但是不会加载到 Excel 工作表中。

▲	A	B	C	D	E	F	G	H
1	客户编号 ▼	客户姓名 ▼	性别 ▼	年龄 ▼				
2	KH001	云佗	男	39				
3	KH002	郦馨莲	男	35				
4	KH003	蓟冲	女	42				
5	KH004	艾锯铭	男	36				
6	KH005	邰雁烟	男	41				
7	KH006	桑凰	男	53				
8	KH007	汪个	男	30				
9	KH008	卫复	男	28				
10	KH009	陆幼彤	男	27				
11	KH010	祝体	男	36				
12	KH011	史姬	女	25				
13	KH012	杨惟	女	45				
14	KH013	童俞	男	46				
15	KH014	施芊惇	女	35				
16	KH015	吴喜	女	27				
17	KH016	陈诗夏	女	43				
18	KH017	杨芙睿	男	38				
19	KH018	葛崭	女	36				
20	KH019	温亚妃	男	50				
21	KH020	敖帛	男	41				

查询 & 连接　▼　×

查询 | 连接

1 个查询

客户信息
已加载 20 行。

图 9-9　将导入的数据加载到 Excel 工作表中

上述加载方式由 Power Query 的默认设置决定。用户可以更改默认设置，以便在导入数据时控制数据的加载方式。在功能区的【数据】选项卡中单击【获取数据】按钮，然后在弹出的菜单中选择【查询选项】命令，打开【查询选项】对话框，在【全局】类别中的【数据加载】选项卡中设置数据的加载方式，如图 9-10 所示。

（1）**使用标准加载设置**：该项是默认设置。

（2）**指定自定义默认加载设置**：该项包含两项设置，如果选中【加载到工作表】复选框，则无论导入的是一个表还是多个表，都会将每个表中的数据分别加载到独立的工作表中；如果选中【加载到数据模型】复选框，则无论导入的是一个表还是多个表，都会将每个表中的数据添加到 Power Pivot 的数据模型中。

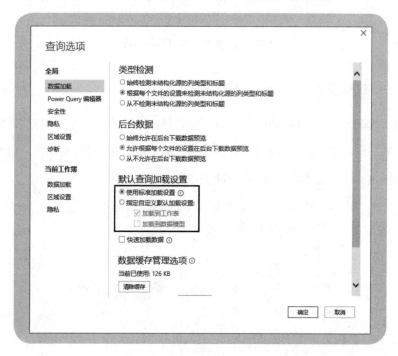

图 9-10　设置数据的加载方式

无论在【查询选项】对话框中如何设置数据的加载方式，都可以随时将导入的数据加载到 Excel 工作表中，操作步骤如下：

（1）在功能区的【数据】选项卡中单击【查询和连接】按钮，如图 9-11 所示。

图 9-11　单击【查询和连接】按钮

（2）打开【查询&连接】窗格，右键单击其中的某个查询，在弹出的菜单中选择【加载到】命令，如图 9-12 所示。

（3）打开【导入数据】对话框，选择【表】单选钮，然后在【数据的放置位置】中选择将数据加载到哪个工作表中以及左上角单元格的位置，如图 9-13 所示。

图 9-12　选择【加载到】命令

图 9-13　选择将数据加载到哪个位置

 提示

如需同时将数据添加到 Power Pivot 的数据模型中，则需要选中【将此数据添加到数据模型】复选框。

（4）单击【确定】按钮，将数据以指定方式加载到工作表中。

9.2.4 刷新数据

当外部数据发生变化时，为了让导入到 Excel 中的数据与外部数据保持同步，需要刷新 Excel 中的数据。在功能区的【数据】选项卡中单击【全部刷新】按钮，将对当前导入到 Excel 中的所有数据进行刷新。

如果只想刷新指定的数据，则可以打开【查询&连接】窗格，右键单击其中要刷新的查询，然后在弹出的菜单中选择【刷新】命令，如图 9-14 所示。如果已将数据加载到 Excel 工作表中，则可以右键单击数据区域中的任意一个单元格，在弹出的菜单中选择【刷新】命令，即可刷新该数据区域中的数据，如图 9-15 所示。

图 9-14　刷新指定的查询

9.2.5 更改数据源

如果改变了数据源的名称或位置，则在 Excel 中刷新与其关联的数据时，将由于无法找到数据源而导致刷新失败，此时需要重新指定数据源的名称或位置，操作步骤如下：

（1）在功能区的【数据】选项卡中单击【获取数据】按钮，然后在弹出的菜单中选择【数据源设置】命令，如图 9-16 所示。

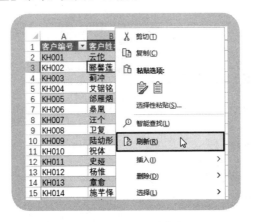

图 9-15　刷新加载到工作表中的数据

图 9-16　选择【数据源设置】命令

（2）打开【数据源设置】对话框，选择要更改的数据源，然后单击【更改源】按钮，如图 9-17 所示。

（3）打开如图 9-18 所示的对话框，单击【浏览】按钮，双击所需的数据源后将返回该对话框，单击【确定】按钮，然后单击【关闭】按钮。

图 9-17 选择数据源后单击【更改源】按钮

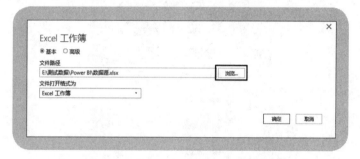

图 9-18 单击【浏览】按钮以重新选择数据源

9.3 使用 Power Query 编辑器整理数据

> 导入数据后，可以使用 Power Query 编辑器整理数据，使其更加符合格式和结构方面的要求。

9.3.1 打开 Power Query 编辑器

打开 Power Query 编辑器有以下方法。

1．导入数据时打开 Power Query 编辑器

可以在导入数据时打开 Power Query 编辑器，只需在如图 9-19 所示的界面中单击【转换数据】按钮。

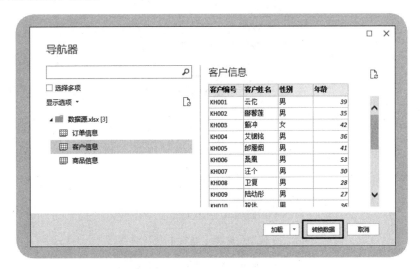

图 9-19　单击【转换数据】按钮

2．导入数据后打开 Power Query 编辑器

导入数据后，可以在【查询&连接】窗格中选择要编辑的查询，并在 Power Query 编辑器中打开该查询。打开【查询&连接】窗格，右键单击要编辑的查询，在弹出的菜单中选择【编辑】命令，如图 9-20 所示。

3．无论是否导入数据都打开 Power Query 编辑器

实际上，无论是否在 Excel 中导入数据，都可以打开 Power Query 编辑器，只需在功能区的【数据】选项卡中单击【获取数据】按钮，然后在弹出的菜单中选择【启动 Power Query 编辑器】命令，如图 9-21 所示。

使用上面任意一种方法都能打开 Power Query 编辑器，在 Power Query 编辑器中可以对数据执行转换、提取、拆分、合并等操作，如图 9-22 所示。在左侧的【查询】窗格中选择一个查询，将在 Power Query 编辑器中显示该查询中的数据。在 Power Query 编辑器中的每一步操作都显示在右侧的【查询设置】窗格中，可以单击步骤开头的叉子，删除指定的步骤，相当于撤销上一步操作的效果。

图 9-20　选择【编辑】命令

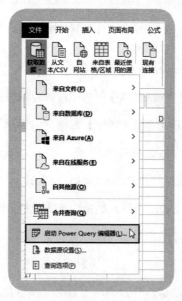

图 9-21　选择【启动 Power Query 编辑器】命令

如果在 Power Query 编辑器中修改了数据，则在关闭 Power Query 编辑器时会显示如图 9-23 所示的提示信息，单击【保留】按钮将保存所做的修改，单击【放弃】

按钮则不保存所做的修改。

图 9-22　Power Query 编辑器

图 9-23　选择是否保存所做的修改

9.3.2　将第一行数据设置为标题

如图 9-24 所示，各列的真正标题位于当前列标题下方的第一行。如需将该行设置为列标题，可以在功能区的【主页】选项卡中单击【将第一行用作标题】按钮，如图 9-25 所示。

	A^B_C Column1	▼	A^B_C Column2	▼	A^B_C Column3	▼	^{ABC}₁₂₃ Column4	▼
1	客户编号		客户姓名		性别		年龄	
2	KH001		云伦		男			39
3	KH002		郦蓉莲		男			35
4	KH003		蓟中		女			42
5	KH004		艾银铭		男			36
6	KH005		郃雁烟		男			41

图 9-24 列标题有误

图 9-25 单击【将第一行用作标题】按钮

9.3.3 更改字段的数据类型

Power BI 支持的数据类型与 Excel 类似，包括数字、文本、日期/时间、逻辑值、二进制等。数字类型主要用于计算，应该将可能参与计算的数据设置为数字类型，否则这些数据可能无法正常计算。日期/时间类型支持多种显示方式，可以只显示日期或时间，也可以同时显示日期和时间，还可以从日期中提取年、月、日等元素。文本类型是包容性最强的数据类型，可以将数字、日期和时间都设置为文本类型，如果将文本设置为数字类型或日期/时间类型，将导致错误。

在 Power Query 编辑器中打开一个查询后，在每列数据顶部的标题左侧有一个图标，其外观标识数据的类型：ABC 图标表示文本，123 图标表示数字，日历图标表示日期/时间，同时显示 ABC 和 123 的图标表示任意类型，如图 9-26 所示。

	A^B_C 订单编号	▼	订购日期	▼	A^B_C 商品编号	▼	¹₂³ 订购数量	▼	A^B_C 客户编号	▼
1	DD001		2024/3/1		SP009			13	KH018	
2	DD002		2024/3/1		SP003			9	KH015	
3	DD003		2024/3/1		SP003			6	KH013	

图 9-26 列标题左侧的图标标识数据类型

可以更改每列数据的类型，有以下几种方法：

（1）单击列标题左侧的图标，在弹出的菜单中选择数据类型，如图 9-27 所示。

图 9-27　使用列标题上的图标更改数据类型

（2）右键单击列标题，在弹出的菜单中选择【更改类型】命令，然后在子菜单中选择数据类型，如图 9-28 所示。

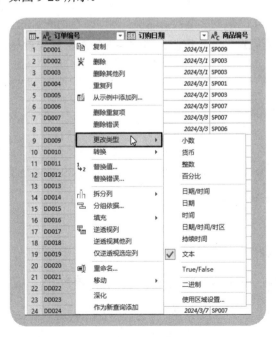

图 9-28　使用鼠标快捷菜单更改数据类型

（3）单击列中的任意一个单元格，然后在功能区的【主页】选项卡中单击【更改数据类型】按钮，在弹出的菜单中选择数据类型，如图 9-29 所示。

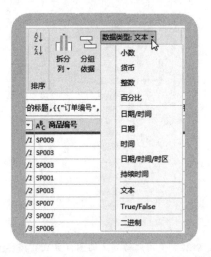

图 9-29　使用功能区中的命令更改数据类型

> 技巧
>
> 如果多个列中的数据类型都有错误，则可以在功能区的【转换】选项卡中单击【检测数据类型】按钮，将自动为各列数据检查并设置合适的数据类型。

9.3.4　转换文本格式

使用"文本转换"功能可以转换英文字母的大小写、删除前导空格和尾随空格、删除非打印字符、为文本添加前缀和后缀等。如图 9-30 所示是使用"后缀"功能在"单价"列中的每个数字结尾添加"元"字。

操作步骤如下：

（1）单击"单价"列中的任意一个单元格，然后在功能区的【转换】选项卡中单击【格式】按钮，在弹出的菜单中选择【添加后缀】命令，如图 9-31 所示。

（2）打开如图 9-32 所示的对话框，在文本框中输入"元"，然后单击【确定】按钮。

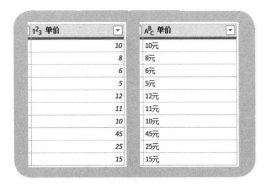

图 9-30　在"单价"列中的数字结尾添加"元"

图 9-31　选择【添加后缀】命令

图 9-32　在文本框中输入"元"

关闭 Power Query 编辑器窗口时，在弹出的对话框中单击【保存】按钮，自动将修改后的数据添加到一个新工作表中，如图 9-33 所示。后面的示例都具有这种操作，将不再重复介绍。

	A	B	C	D	E
1	商品编号 ▾	商品名称 ▾	类别 ▾	单价 ▾	
2	SP001	猕猴桃	果蔬	10元	
3	SP002	火龙果	果蔬	8元	
4	SP003	西红柿	果蔬	6元	
5	SP004	娃娃菜	果蔬	5元	
6	SP005	桃汁	饮料	12元	
7	SP006	橙汁	饮料	11元	
8	SP007	苹果汁	饮料	10元	
9	SP008	酱肘子	熟食	45元	
10	SP009	叉烧肉	熟食	25元	
11	SP010	蛋清肠	熟食	15元	
12					

图 9-33　将修改后的数据添加到新工作表中

9.3.5　提取字符

Power Query 编辑器为提取数据提供了多种方式，可以从文本的开头或结尾提取字符，也可以提取指定长度和特定范围内的字符。如图 9-34 所示是提取单价中的数字部分。

图 9-34　提取单价中的数字部分

操作步骤如下：

（1）单击"单价"列中的任意一个单元格，然后在功能区的【转换】选项卡中单击【提取】按钮，在弹出的菜单中选择【分隔符之前的文本】命令，如图 9-35 所示。

（2）打开如图 9-36 所示的对话框，在【分隔符】文本框中输入"/"，然后单击【确定】按钮。

图 9-35　选择【分隔符之前的文本】命令

图 9-36　设置提取字符的范围

9.3.6　提取日期元素

在 Power Query 编辑器中可以从日期/时间类型的数据中提取年份、月份、季度、当月天数等元素，还可以将日期转换为星期几。单击日期数据列中的任意一个单元格，然后在功能区的【转换】选项卡中单击【日期】按钮，在弹出的菜单中选择要提取的日期元素，如图 9-37 所示。

在功能区的【添加列】选项卡中也有一个【日期】按钮，它与【转换】选项卡中的同名按钮具有相同的功能，但是它会将日期元素提取到一个新列中，并保留原来的日期列。

9.3.7　拆分列

使用"拆分列"功能，可以根据分隔符、字符数、位置等多种方式将一列数据拆分为多列。如图 9-38 所示是根据分隔符"/"将"单价"列中的数据拆分为价格和单位两列。

图 9-37 选择要提取的日期元素

图 9-38 将单价拆分为价格和单位两列

操作步骤如下：

（1）单击"单价"列中的任意一个单元格，然后在功能区的【主页】或【转换】选项卡中单击【拆分列】按钮，在弹出的菜单中选择【按分隔符】命令，如图 9-39 所示。

（2）打开如图 9-40 所示的对话框，在【选择或输入分隔符】下拉列表中选择【自定义】，然后在下方的文本框中输入"/"，再单击【确定】按钮。

图 9-39　选择【按分隔符】命令

图 9-40　指定拆分列的分隔符

提示

当数据中包含多个相同的分隔符时，需要在【拆分位置】选项组中选择拆分方式。由于本例"单价"列中的数据只包含一个分隔符，所以选择哪一项无关紧要。

9.3.8　将二维表转换为一维表

第 4 章介绍过，在 Excel 中需要将用于分析的数据组织成数据列表的形式，将这种结构称为一维表，使用 Power BI 分析数据时也需要使用这种结构的数据。使用数据透视表对数据列表汇总数据后得到的报表是二维表。使用"逆透视列"功能很容易将二维表转换为一维表。如图 9-41 所示是将在行列方向上包含两类信息的二维表转换为只在列方向上包含一类信息的一维表。

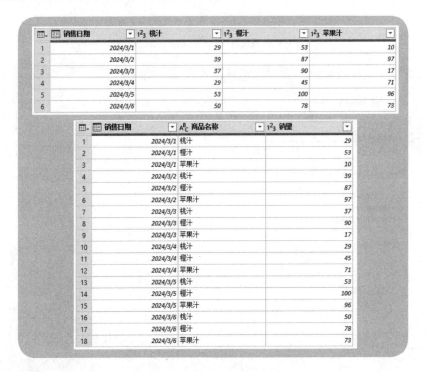

图 9-41　将二维表转换为一维表

操作步骤如下：

（1）在数据区域中选择要转换为一维表的一列或多列，本例要转换的列是"桃汁""橙汁"和"苹果汁"，所以需要同时选中这几列。选择的方法是，单击"桃汁"列的标题将该列选中，然后按住 Shift 键，再单击"苹果汁"列的标题。

（2）在功能区的【转换】选项卡中单击【逆透视列】按钮，如图 9-42 所示。

图 9-42　单击【逆透视列】按钮

9.3.9　合并多个表中的所有记录

使用"追加查询"功能，可以将结构相同的多个表中的记录合并到一起。表中的每一行数据就是一条记录。如图 9-43 所示是将结构相同的两个表中的所有记录合并到一起。

操作步骤如下：

（1）在左侧的【查询】窗格中选择任意一个查询，然后在功能区的【主页】选项卡中单击【追加查询】按钮上的下拉按钮，在弹出的菜单中选择【将查询追加为新查询】命令，如图 9-44 所示。

	A^B_C 客户编号	A^B_C 客户姓名	A^B_C 性别	1^2_3 年龄
1	KH001	云伦	男	39
2	KH002	郦馨莲	男	35
3	KH003	蓟中	女	42
4	KH004	艾镁铭	男	36
5	KH005	邰曜烟	男	41
6	KH006	桑凰	男	53
7	KH007	汪个	男	30
8	KH008	卫夏	男	28
9	KH009	陆幼彤	男	27
10	KH010	祝体	男	36

	A^B_C 客户编号	A^B_C 客户姓名	A^B_C 性别	1^2_3 年龄
1	KH011	史娅	女	25
2	KH012	杨惟	女	45
3	KH013	章蓟	男	46
4	KH014	施芊怿	女	35
5	KH015	吴喜	女	27
6	KH016	陈诗夏	女	43
7	KH017	杨英睿	男	38
8	KH018	葛骄	女	36
9	KH019	温亚妃	男	50
10	KH020	敖帛	男	41

图 9-43　合并两个表中的所有记录（一）

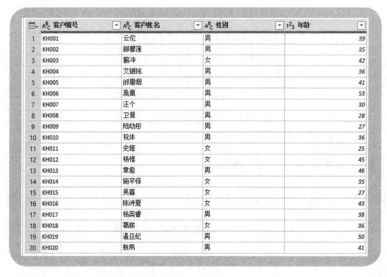

图 9-43　合并两个表中的所有记录（二）

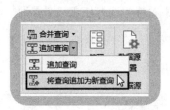

图 9-44　选择【将查询追加为新查询】命令

提示

> 选择【将查询追加为新查询】命令是为了将合并后的数据保存到一个新表
> 中，而不会破坏原表中的数据。

（2）打开如图 9-45 所示的对话框，选中【两个表】单选钮，然后在【第一张表】
下拉列表中选择要合并的第一个表，本例为"客户信息一"。

（3）在【第二张表】下拉列表中选择要合并的第二个表，本例为"客户信息二"，
然后单击【确定】按钮，如图 9-46 所示。

9.3.10　合并两个表中的不同列

使用"合并查询"功能，可以通过两个表中的共同字段将两个表中的其他字段

合并到一起，效果类似于 Excel 中的 VLOOKUP 函数。如图 9-47 所示是将"订单信息"和"商品信息"两个表中的数据通过"商品编号"字段进行关联并合并到一起。

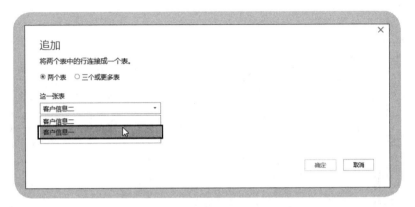

图 9-45　选择要合并的第一个表

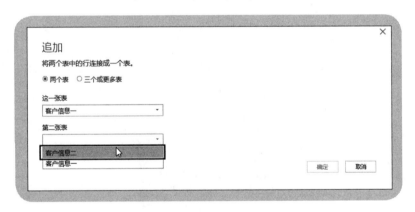

图 9-46　将要合并的表添加到【要追加的表】列表框中

操作步骤如下：

（1）在左侧的【查询】窗格中选择任意一个查询，然后在功能区的【主页】选项卡中单击【合并查询】按钮上的下拉按钮，在弹出的菜单中选择【将查询合并为新查询】命令，如图 9-48 所示。

（2）打开如图 9-49 所示的对话框，上方列出的表是在打开该对话框之前选中的查询，在其下方的下拉列表中选择要合并的另一个表，本例为"商品信息"。

图 9-47　合并两个表中的不同列

图 9-48　选择【将查询合并为新查询】命令

（3）由于两个表中的数据通过"商品编号"字段建立关联，所以需要分别在两个表的缩略图中选中"商品编号"列，如图 9-50 所示。

（4）在【联接种类】下拉列表中选择两个表中数据的匹配方式。由于"订单信息"表中的每个订单是唯一的，但是多个订单可能包含同一种商品，所以需要在【联接种类】下拉列表中选择【左外部（第一个中的所有行，第二个中的匹配行）】，然后单击【确定】按钮，如图 9-51 所示。

图 9-49 选择要合并的第二个表

图 9-50 选择关联两个表中数据的共同字段

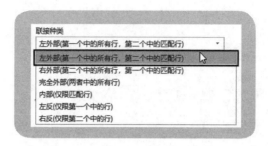

图 9-51　选择表的联接种类

（5）将创建一个新的查询，并将"订单信息"和"商品信息"两个表中的数据通过"商品编号"字段合并到一起，此时"商品信息"表中的数据显示为 Table，如图 9-52 所示。

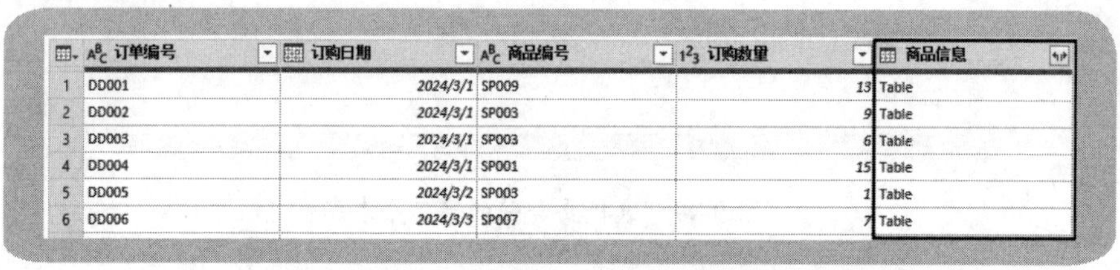

	订单编号	订购日期	商品编号	订购数量	商品信息
1	DD001	2024/3/1	SP009	13	Table
2	DD002	2024/3/1	SP003	9	Table
3	DD003	2024/3/1	SP003	6	Table
4	DD004	2024/3/1	SP001	15	Table
5	DD005	2024/3/2	SP003	1	Table
6	DD006	2024/3/3	SP007	7	Table

图 9-52　"商品信息"表中的数据显示为 Table

（6）单击"商品信息"列标题右侧的 按钮，在打开的列表中选择要显示的来自于"商品信息"表中的列，并取消选中【使用原始列名作为前缀】复选框，然后单击【确定】按钮，如图 9-53 所示。

图 9-53　选择要显示的列

9.4 使用 Power Pivot 为数据建模

整理好数据之后，可以使用 Power Pivot 为数据建模，以便对数据进行计算和分析。

9.4.1 数据建模的基本概念和术语

复杂的业务模型包含大量的数据，为了便于管理这些数据，通常会将所有数据按照信息类别存储在多个表中。为了同时分析所有这些表中的数据，需要创建数据模型。数据模型是通过关系使数据关联在一起的一组表，将这些表关联在一起形成一张关系网。单张表也是一个数据模型，只要其中的数据结构符合规范并利于分析，就可以认为它是一个数据模型。

1．事实表和维度表

简单来说，可以将事实表看作一本流水账，其中记录每次业务交易的详细情况。例如，记录每天各种商品的销量情况的数据表就是事实表的一个示例，前几章示例中的表格几乎都是事实表。在事实表中的记录包含多方面信息，并且可能存在重复的记录。

与事实表不同，在维度表中只包含某一类信息，至少有一个字段可以唯一标识每一条记录，从而确保维度表中的所有记录绝不会重复。

在数据分析中，要计算和分析的数据位于事实表中，而维度表主要是为事实表中的数据提供筛选依据。

星形模型是为事实表和维度表创建数据模型时最常使用的一种架构。在星形模型中，将事实表放在中间，在其四周放置各个维度表，将每个维度表与事实表相连，各个维度表之间不相连，整体形状如星星一样。

2．关系

关系是两个表之间的内在关联，不同类型的关系决定两个表中的数据是如何关联的，关系分为以下 3 种：

（1）**一对一**：第一个表中的每条记录在第二个表中只有一条匹配的记录，而第二个表中的每条记录在第一个表中也只有一条匹配的记录。

（2）**一对多**：第一个表中的每条记录在第二个表中有一条或多条匹配的记录，而第二个表中的每条记录在第一个表中只有一条匹配的记录。在一对多关系中，将第一个表称为"父表"，将第二个表称为"子表"，父表中每次只有一条记录与子表中的一条或多条记录匹配。

（3）**多对多**：第一个表中的每条记录在第二个表中有一条或多条匹配的记录，而第二个表中的每条记录在第一个表中也有一条或多条匹配的记录。订单和商品就是多对多关系的一个典型示例，在一个订单中可以包含多种商品，同一种商品也可以出现在多个订单中。

3．字段和记录

字段是指表中的列，一个表有几列数据就有几个字段，列和字段本质上是可以互换的术语，同一行中的各个字段组成的数据称为记录，每一行数据都是一条记录。

列中的数据称为字段的值或成员，不同列中的数据可以是文本、数值、日期等不同的数据类型。数值类型的数据可以是正值或负值，这取决于字段本身的含义。例如，"销售利润"字段的值可以是正值或负值，而"销售额"字段的值只能是正值。

4．维度和度量

由于可以对数值类型的数据进行求和、计数等计算，而通常不会对文本类型的数据进行计算，所以可以将字段分为度量和维度两类。维度主要用于描述事物，名称、类别、颜色、日期等字段都是维度。度量主要用于计算数值，销量、销售额、浏览量、人数等字段都是度量。

5．聚合和粒度

聚合是将多个值经过计算组合为单一值，例如计算多个数值之和或求它们的平均值。粒度是指数据的详细程度，它由维度定义。一个表中的维度字段越多，表中数据所表达的信息越详细。

9.4.2　将数据添加到 Power Pivot 中

创建数据模型前，需要先将数据所属的一个或多个表添加到 Power Pivot 中，有以下几种方法。

1．将工作表中的数据添加到 Power Pivot 中

如果工作表中包含数据，则可以选择数据区域中的任意一个单元格，然后在功能区的【Power Pivot】选项卡中单击【添加到数据模型】按钮，即可将该数据区域中的数据添加到 Power Pivot 中，如图 9-54 所示。

如果数据只是位于普通的单元格区域中，则在单击【添加到数据模型】按钮后，将显示如图 9-55 所示的对话框，需要先将数据区域转换为"表"，然后才能将其添加到 Power Pivot 中。

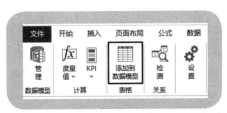

图 9-54　单击【添加到数据模型】按钮

图 9-55　将普通数据区域转换为"表"

2．在工作表中加载数据时将数据添加到 Power Pivot 中

使用本章 9.2.3 小节中的方法导入数据时，可以在【导入数据】对话框中选中【将此数据添加到数据模型】复选框，可将该数据添加到 Power Pivot 中，如图 9-56 所示。

3．在 Power Pivot 中导入数据

除了前两种方法之外，还可以直接在 Power Pivot 中导入数据，操作步骤如下：

图 9-56　选中【将此数据添加到数据模型】复选框

（1）新建或打开一个 Excel 工作簿，在功能区的【Power Pivot】选项卡中单击
【管理】按钮，如图 9-57 所示。

图 9-57　单击【管理】按钮

（2）打开 Power Pivot 窗口，在功能区的【主页】选项卡中的【获取外部数据】
组中的命令用于导入数据，如图 9-58 所示。本例要导入的是 Excel 工作簿中的数据，
所以需要单击该组中的【从其他源】按钮。

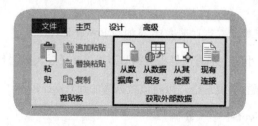

图 9-58　使用【获取外部数据】组中的命令导入数据

（3）打开【表导入向导】对话框，选择【Excel 文件】，然后单击【下一步】按钮，如图 9-59 所示。

图 9-59　选择【Excel 文件】

（4）进入如图 9-60 所示的界面，单击【浏览】按钮后选择要导入的 Excel 工作

图 9-60　选择要导入的 Excel 工作簿

簿，其完整路径会填入【Excel 文件路径】文本框中。如果导入的数据的第一行是标题，则需要选中【使用第一行作为列标题】复选框，然后单击【下一步】按钮。

（5）进入如图 9-61 所示的界面，选择要导入到 Power Piovt 中的一个或多个表，然后单击【完成】按钮。

图 9-61　选择要导入的表

（6）将上一步选择的所有表导入到 Power Pivot 中，并显示导入成功的提示信息，如图 9-62 所示。单击【关闭】按钮，关闭【表导入向导】对话框。

成功导入数据后，将在 Power Pivot 窗口中显示导入的一个或多个表，每个表的名称显示在窗口下方的选项卡上，单击不同的选项卡将在窗口中显示相应表中的数据，如图 9-63 所示。

9.4.3　在多个表之间创建关系

在 Power Pivot 中添加了多个表之后，通常需要为这些表创建关系，从而可以从这些相关联的表中获取要处理的数据。为两个表创建关系之前，首先要确保两个表中都包含一个相关列。例如，在订单信息表和客户信息表中都有一个名为"客户编号"的列，通过该列可以为两个表中的数据建立关联。

图 9-62　将数据成功导入到 Power Pivot 中

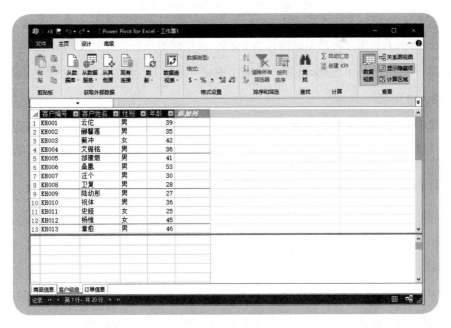

图 9-63　导入到 Power Pivot 中的表的显示方式与在 Excel 中类似

在 Power Pivot 中需要在关系视图中创建关系，打开该视图有以下方法：

（1）在 Power Pivot 功能区的【主页】选项卡中单击【关系图视图】按钮，如图 9-64 所示。

（2）在 Power Pivot 窗口底部的状态栏的右侧单击【关系图】按钮，如图 9-65 所示。

图 9-64　使用功能区命令切换视图

图 9-65　使用状态栏按钮切换视图

打开关系视图时将显示添加到 Power Pivot 中的所有表及其中包含的字段，使用鼠标将一个表中的字段拖动到另一个表中的相关字段上，将为这两个表创建关系，如图 9-66 所示。

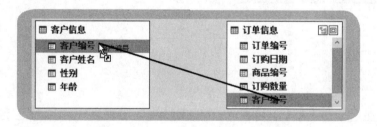

图 9-66　为两个表创建关系

在创建关系后的两个表之间会自动添加一条连接线，当鼠标指针指向或单击连接线时，将突出显示两个表之间建立关系的相关字段，如图 9-67 所示。

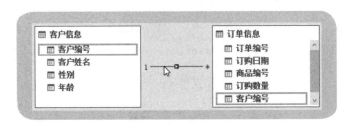

图 9-67　鼠标指针指向或单击连接线时突出显示相关字段

右键单击两个表之间的连接线，在弹出的菜单中选择【编辑关系】命令，可以在打开的【编辑关系】对话框中修改用于建立关系的相关字段，如图 9-68 所示。

图 9-68　在【编辑关系】对话框中修改关系

如需删除两个表之间的关系，可以右键单击两个表之间的连接线，在弹出的菜单中选择【删除】命令，然后在打开的对话框中单击【从模型中删除】按钮，如图 9-69 所示。

图 9-69 删除两个表之间的关系

9.4.4 在 DAX 公式中引用数据的方式

DAX 的全称是 Data Analysis Expressions(数据分析表达式),它是在 Power Pivot 中输入公式时使用的语言。与在 Excel 中编写的公式类似,在 Power Pivot 中编写的 DAX 公式用于计算数据模型中的数据,例如使用 DAX 公式创建计算列和度量值。

在 DAX 公式中也可以使用函数,DAX 中的很多函数的名称和功能与 Excel 中的很多函数相同或相似,例如 SUM、IF、LEFT 等函数。

虽然 DAX 公式和 Excel 公式有很多相似之处,但是它们在引用和计算数据的方式上有很大区别。在 Excel 公式中是基于引用的单元格或单元格区域进行计算的,在 DAX 公式中没有单元格和单元格区域的概念,取而代之的是对整个表和整列的引用和计算。当需要在 DAX 公式中引用列中的一部分数据时,可以使用筛选器函数缩小数据的范围。

在 DAX 公式中引用表和列时,可以先输入表名,然后在其后输入一对中括号,并在中括号中输入列名,形式如下:

订单信息[订购数量]

如果表名中有空格或者以数字开头,则需要将表名放到一对英文单引号中,列名的书写方式与上面相同。即使表名不以数字开头且其中没有空格,为表名加上单引号也是一种好习惯,形式如下:

'订单信息'[订购数量]

当引用的列与当前 DAX 公式位于同一个表时,可以省略表名。然而,每次都包含表名可以使公式的含义更清晰。

9.4.5　创建计算列

计算列是通过编写 DAX 公式在数据模型中创建的一个新列。计算列保存在数据模型中并占用磁盘空间，其使用方法与数据模型中的其他列一样。用于创建计算列的 DAX 公式在其所属表的行上下文中进行计算，计算列中的每个值都是由当前行中的值计算得到的。

下面通过一个示例介绍使用 DAX 公式创建计算列的方法。本例假设已在 Power Pivot 中为商品信息表和订单信息表创建一对多关系，现在要在订单信息表中创建两个计算列，一列显示商品名称，另一列根据订单信息表中的订购数量和商品信息表中的单价计算应付总额，如图 9-70 所示。

	订单编号	订购日期	商品编号	订购数量	客户编号	商品名称	应付总额
1	DD001	2024/3/...	SP009	13	KH018	叉烧肉	325
2	DD002	2024/3/...	SP003	9	KH015	西红柿	54
3	DD003	2024/3/...	SP003	6	KH013	西红柿	36
4	DD004	2024/3/...	SP001	15	KH010	猕猴桃	150
5	DD005	2024/3/...	SP003	1	KH001	西红柿	6
6	DD006	2024/3/...	SP007	7	KH016	苹果汁	70
7	DD007	2024/3/...	SP007	13	KH020	苹果汁	130
8	DD008	2024/3/...	SP006	20	KH009	橙汁	220
9	DD009	2024/3/...	SP006	5	KH011	橙汁	55
10	DD010	2024/3/...	SP010	12	KH005	蛋清肠	180
11	DD011	2024/3/...	SP008	5	KH008	酱肘子	225
12	DD012	2024/3/...	SP001	17	KH011	猕猴桃	170
13	DD013	2024/3/...	SP002	2	KH004	火龙果	16
14	DD014	2024/3/...	SP009	1	KH012	叉烧肉	25
15	DD015	2024/3/...	SP008	13	KH020	酱肘子	585
16	DD016	2024/3/...	SP006	4	KH010	橙汁	44

图 9-70　创建"商品名称"和"应付总额"两个计算列

操作步骤如下：

（1）打开 Power Pivot 窗口，默认进入数据视图。如果显示的是关系图视图，则可以在功能区的【主页】选项卡中单击【数据视图】按钮，切换到数据视图。

（2）在 Power Pivot 窗口中显示订单信息表，然后在功能区的【设计】选项卡中单击【添加】按钮，如图 9-71 所示。

（3）在公式栏中输入下面的公式后按 Enter 键，将添加一个新列，并在其中显示该公式的计算结果，即与订单信息表中的"商品编号"列中的商品编号对应的商品名称，如图 9-72 所示。按 Enter 键后，会自动计算整列的结果。

=RELATED('商品信息'[商品名称])

图 9-71　单击【添加】按钮

	订单编号	订购日期	商...	订购数量	客户编号	计算列 1	添加列
1	DD001	2024/3/...	SP009	13	KH018	叉烧肉	
2	DD002	2024/3/...	SP003	9	KH015	西红柿	
3	DD003	2024/3/...	SP003	6	KH013	西红柿	
4	DD004	2024/3/...	SP001	15	KH010	猕猴桃	
5	DD005	2024/3/...	SP003	1	KH001	西红柿	
6	DD006	2024/3/...	SP007	7	KH016	苹果汁	

（[计算列 1] ✕ ✓ fx =RELATED('商品信息'[商品名称])）

图 9-72　输入创建的计算列的 DAX 公式

（4）创建"应付总额"计算列的方法与此类似，只需在单击【添加】按钮后输入下面的公式，然后按 Enter 键，如图 9-73 所示。

='订单信息'[订购数量]*RELATED('商品信息'[单价])

	订单编号	订购日期	商...	订购数量	客户编号	计算列 1	计算列 2	添加列
1	DD001	2024/3/...	SP009	13	KH018	叉烧肉	325	
2	DD002	2024/3/...	SP003	9	KH015	西红柿	54	
3	DD003	2024/3/...	SP003	6	KH013	西红柿	36	
4	DD004	2024/3/...	SP001	15	KH010	猕猴桃	150	
5	DD005	2024/3/...	SP003	1	KH001	西红柿	6	
6	DD006	2024/3/...	SP007	7	KH016	苹果汁	70	

（[计算列 2] ✕ ✓ fx ='订单信息'[订购数量]*RELATED('商品信息'[单价])）

图 9-73　输入创建的计算列的 DAX 公式

（5）最后，将前面创建的两个计算列的列标题修改为"商品名称"和"应付总额"。修改方法是：双击列标题，或者右键单击列标题后选择【重命名列】命令，然后输入所需内容并按 Enter 键。

9.4.6 创建度量值

使用 DAX 公式还可以创建度量值。度量值与计算列有以下几个主要区别：

（1）度量值是对多行数据进行聚合计算而得到一个单一值，计算列是对一列数据中的每一行计算并返回一系列值，这些值对应于该列中的每一行。

（2）度量值只在用户将其添加到报表中时才会计算，并根据当前筛选条件而自动改变计算结果，计算列在加载数据模型时就会计算，所以度量值比计算列占用更少的系统资源。

（3）度量值不属于任何表，而计算列必须属于某个特定的表。

下面仍然通过一个示例介绍创建度量值的方法。本例以上一小节中的示例为基础，创建一个名为"所有订单总额"的度量值，用于对每个订单的应付总额进行求和，操作步骤如下：

（1）无需打开 Power Pivot 窗口，在 Excel 功能区的【Power Pivot】选项卡中单击【度量值】按钮，然后在弹出的菜单中选择【新建度量值】命令，如图 9-74 所示。

（2）打开【度量值】对话框，在【表名】下拉列表中选择要将度量值创建到哪个表中（可任选一个表）。然后在【度量值名称】文本框中输入度量值的名称，再在【公式】文本框中输入下面的公式，如图 9-75 所示。最后单击【确定】按钮，将创建度量值。

```
=SUM('订单信息'[应付总额])
```

图 9-74　选择【新建度量值】命令

以后可以在 Excel 功能区的【Power Pivot】选项卡中单击【度量值】按钮，然

后在弹出的菜单中选择【管理度量值】命令，在打开的对话框中修改或删除已创建
的度量值，如图 9-76 所示。

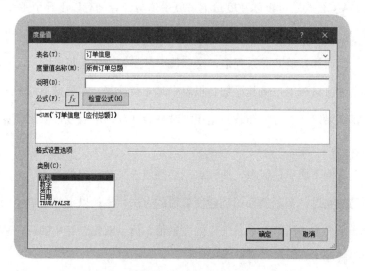

图 9-75　创建度量值

图 9-76　修改或删除已创建的度量值

第10章 数据分析实战

本章将介绍公式和函数、数据透视表和图表在销售分析和客户分析中的应用。

10.1 销 售 分 析

销量和销售额是衡量产品是否符合市场需求的重要依据和指标，可以基于这两个指标进行多方面分析，例如按照销售额进行排名、根据销售额计算员工的提成奖金、根据销量分析产品在各个地区的占有率。

10.1.1 对销售额进行中国式排名

使用 RANK 函数进行排名时，将根据同名次的商品数量而自动跳过某些名次。在中国式排名中，无论某个名次是否有重复，都不会影响下一个名次的产生。例如，如果存在两个第一名，则下一个名次仍然是第二名，而不是第三名。对销售额进行中国式排名的操作步骤如下：

（1）选择 C2 单元格，然后输入下面的数组公式，计算第一个员工的销售额排名，如图 10-1 所示。

=SUM(--IF(FREQUENCY($B$2:$B$11,$B$2:$B$11)>0,$B$2:$B$11>B2))+1

（2）双击 C2 单元格右下角的填充柄，将该单元格中的公式向下复制到 C11 单元格，得到其他员工的销售额排名，如图 10-2 所示。

本例公式以每个销售额作为区间统计频率分布，然后通过 IF 函数忽略重复值并汇总大于 B2 单元格中的值的个数，B2 单元格中的值在区域中的排名，等于不计重复值的情况下大于 B2 值的个数加 1。

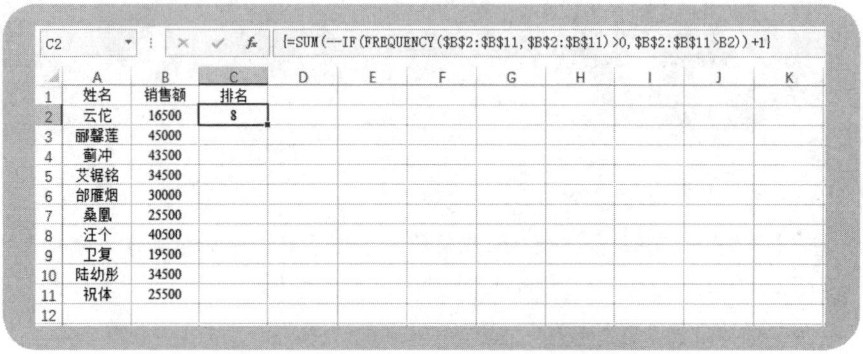

图 10-1　计算第一个员工的销售额排名

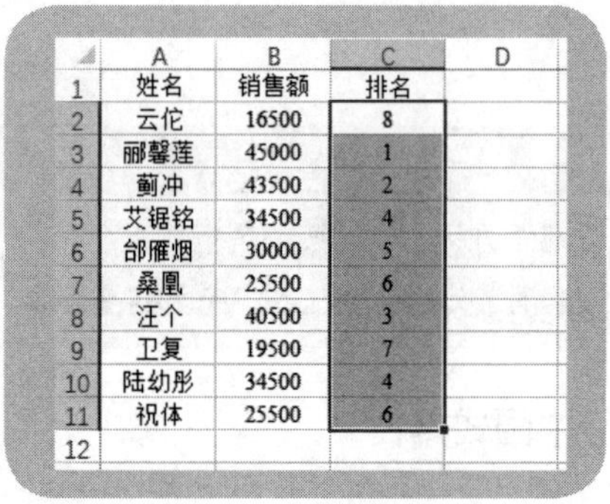

图 10-2　得到其他员工的销售额排名

10.1.2　制作销售额提成表

提成奖金通常以销售额的百分比进行计算，本例以上一小节中的数据为例，制作销售额提成表的操作步骤如下：

（1）在 C1、D1 和 F1 单元格中输入标题，然后在 F2:G6 单元格区域中输入提成标准，如图 10-3 所示。提成标准是：销售额小于 10000 没有提成，大于等于 10000 且小于 20000 的提成比例是 10%，大于等于 20000 且小于 30000 的提成比例是 15%，大于等于 30000 的提成比例是 20%。

（2）选择 C2 单元格，然后输入下面的公式，计算第一个员工的提成比例，如图 10-4 所示。

```
=LOOKUP(B2,$F$3:$G$6)
```

	A	B	C	D	E	F	G	H
1	姓名	销售额	提成比例	奖金		提成标准		
2	云佗	16500				销售额	提成比例	
3	郦馨莲	45000				0	0%	
4	蒯冲	43500				10000	10%	
5	艾锯铭	34500				20000	15%	
6	部雁烟	30000				30000	20%	
7	桑凰	25500						
8	汪个	40500						
9	卫复	19500						
10	陆幼彤	34500						
11	祝体	25500						
12								

图 10-3 输入提成标准

C2 =LOOKUP(B2,$F$3:$G$6)

	A	B	C	D	E	F	G	H
1	姓名	销售额	提成比例	奖金		提成标准		
2	云佗	16500	10%			销售额	提成比例	
3	郦馨莲	45000				0	0%	
4	蒯冲	43500				10000	10%	
5	艾锯铭	34500				20000	15%	
6	部雁烟	30000				30000	20%	
7	桑凰	25500						
8	汪个	40500						
9	卫复	19500						
10	陆幼彤	34500						
11	祝体	25500						
12								

图 10-4 计算第一个员工的提成比例

（3）双击 C2 单元格右下角的填充柄，将该单元格中的公式向下复制到 C11 单元格，计算其他员工的提成比例，如图 10-5 所示。

C2 =LOOKUP(B2,$F$3:$G$6)

	A	B	C	D	E	F	G	H
1	姓名	销售额	提成比例	奖金		提成标准		
2	云佗	16500	10%			销售额	提成比例	
3	郦馨莲	45000	20%			0	0%	
4	蒯冲	43500	20%			10000	10%	
5	艾锯铭	34500	20%			20000	15%	
6	部雁烟	30000	20%			30000	20%	
7	桑凰	25500	15%					
8	汪个	40500	20%					
9	卫复	19500	10%					
10	陆幼彤	34500	20%					
11	祝体	25500	15%					
12								

图 10-5 计算其他员工的提成比例

> **提示**
>
> 如需让 C 列中的提成比例显示为百分比格式,需要选择 C 列中的数据区域,然后打开"设置单元格格式"对话框,在"数字"选项卡的"分类"下拉列表中选择"百分比",然后将"小数位数"设置为 0,如图 10-6 所示。

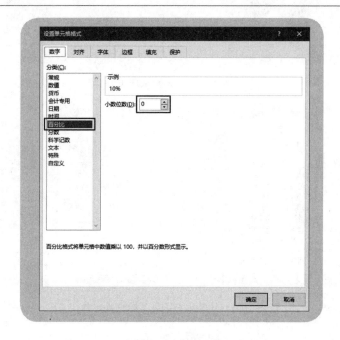

图 10-6   将提成比例设置为百分比格式

(4)选择 D2 单元格,然后输入下面的公式,计算第一个员工的提成奖金,如图 10-7 所示。

=B2*C2

(5)双击单元格 D2 右下角的填充柄,将公式向下复制到 D11 单元格,计算其他员工的提成奖金,如图 10-8 所示。

10.1.3   分析产品在各个地区的占有率

通过分析产品在各个地区的占有率,可以了解产品在各个地区的销售情况,对未来销售计划的制定提供参考。使用数据透视表分析产品在各个地区占有率的操作步骤如下：

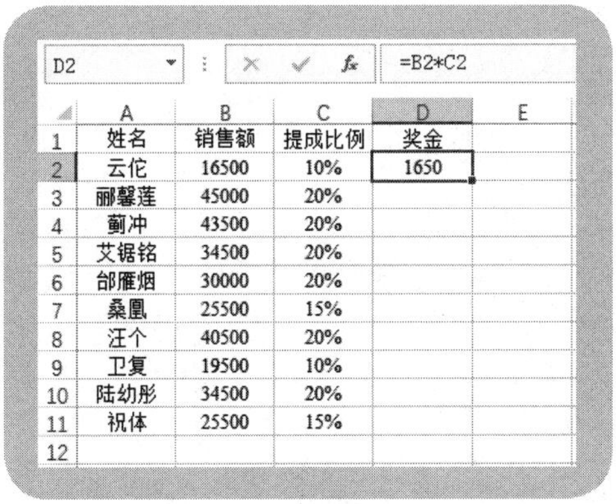

D2 =B2*C2

	A	B	C	D	E
1	姓名	销售额	提成比例	奖金	
2	云佗	16500	10%	1650	
3	丽馨莲	45000	20%		
4	蓟冲	43500	20%		
5	艾锯铭	34500	20%		
6	部雁烟	30000	20%		
7	桑凰	25500	15%		
8	汪个	40500	20%		
9	卫复	19500	10%		
10	陆幼彤	34500	20%		
11	祝体	25500	15%		
12					

图 10-7　计算第一个员工的提成奖金

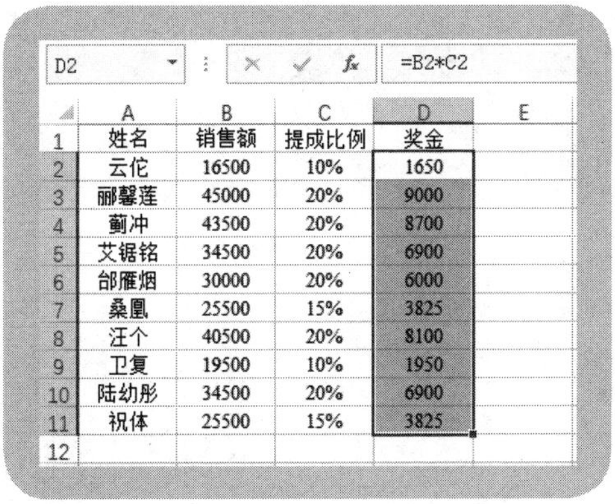

D2 =B2*C2

	A	B	C	D	E
1	姓名	销售额	提成比例	奖金	
2	云佗	16500	10%	1650	
3	丽馨莲	45000	20%	9000	
4	蓟冲	43500	20%	8700	
5	艾锯铭	34500	20%	6900	
6	部雁烟	30000	20%	6000	
7	桑凰	25500	15%	3825	
8	汪个	40500	20%	8100	
9	卫复	19500	10%	1950	
10	陆幼彤	34500	20%	6900	
11	祝体	25500	15%	3825	
12					

图 10-8　计算其他员工的提成奖金

（1）为本例数据创建一个数据透视表，对字段进行以下布局，如图 10-9 所示。

1）将“产品名称”字段添加到行区域。

2）将“地区”字段添加到列区域。

3）将“销量”字段添加到值区域。

（2）右键单击值区域中的任意一个单元格，在弹出的菜单中选择【值显示方式】→【行汇总的百分比】命令，将显示每种产品在各个地区的占有率，如图 10-10 所示。

如需在数据透视表中同时显示每种产品在各个地区的销量及其占有率，可以再

次将"销量"字段添加到值区域中，并放在该区域中的现有字段的前面，如图 10-11
所示。

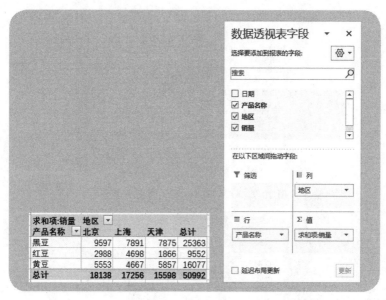

图 10-9　对字段布局

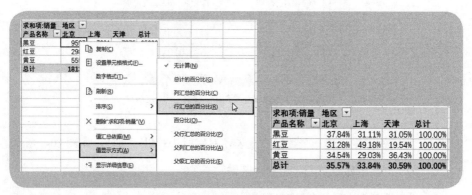

图 10-10　显示每种产品在各个地区的占有率

地区		值							求和项:销量2汇总	求和项:销量汇总
	北京		上海		天津					
产品名称	求和项:销量2	求和项:销量	求和项:销量2	求和项:销量	求和项:销量2	求和项:销量				
黑豆	9597	37.84%	7891	31.11%	7875	31.05%			25363	100.00%
红豆	2988	31.28%	4698	49.18%	1866	19.54%			9552	100.00%
黄豆	5553	34.54%	4667	29.03%	5857	36.43%			16077	100.00%
总计	18138	35.57%	17256	33.84%	15598	30.59%			50992	100.00%

图 10-11　同时显示销量及其占有率

10.2 客 户 分 析

通过对客户销售额进行占比分析和排名，可以更好地了解客户的实力和贡献度，以便维持和发展大客户，以及帮扶或淘汰小客户。

10.2.1 计算客户销售额占比

销售额所占比例是指某个客户的销售额占所有客户销售额总和的百分比。本小节以客户资料表中的数据为基础，计算客户销售额所占比率的操作步骤如下：

（1）将 F2:F11 单元格区域的数字格式设置为不带小数位的百分比。

（2）选择 F2 单元格，然后输入下面的公式，计算第一个客户的销售额占比，如图 10-12 所示。

```
=E2/SUM($E$2:$E$11)
```

图 10-12　计算第一个客户的销售额占比

（3）双击 F2 单元格右下角的填充柄，将该单元格中的公式向下复制到 F11 单元格，计算其他客户的销售额占比，如图 10-13 所示。

10.2.2 按照销售额对客户排名

本例以 10.2.1 小节中的数据为例，按照销售额对客户排名的操作步骤如下：

图 10-13　计算其他客户的销售额占比

（1）选择 G2 单元格，然后输入下面的公式，计算第一个客户的销售额排名，如图 10-14 所示。

=RANK.EQ(E2,$E$2:$E$11)

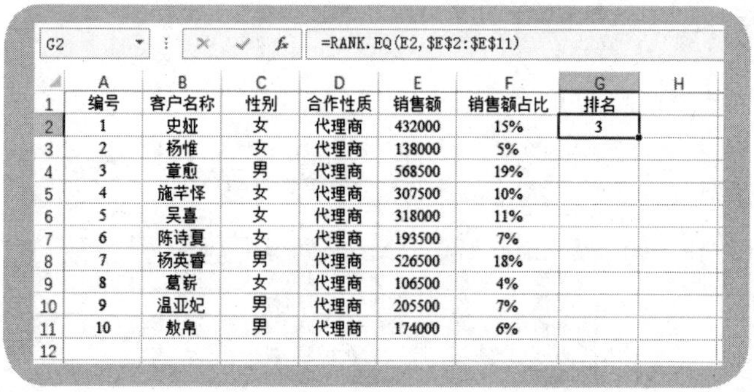

	A	B	C	D	E	F	G	H
1	编号	客户名称	性别	合作性质	销售额	销售额占比	排名	
2	1	史姬	女	代理商	432000	15%	3	
3	2	杨惟	女	代理商	138000	5%		
4	3	童甋	男	代理商	568500	19%		
5	4	施芊怿	女	代理商	307500	10%		
6	5	吴喜	女	代理商	318000	11%		
7	6	陈诗夏	女	代理商	193500	7%		
8	7	杨英睿	男	代理商	526500	18%		
9	8	葛嵤	女	代理商	106500	4%		
10	9	温亚妃	男	代理商	205500	7%		
11	10	敖帛	男	代理商	174000	6%		
12								

图 10-14　计算第一个客户的销售额排名

（2）双击 G2 单元格右下角的填充柄，将该单元格中的公式向下复制到 G11 单元格，计算其他客户的销售额排名，如图 10-15 所示。

10.2.3　使用饼图分析客户销售额占比

为了直观显示客户销售额占比，可以在饼图中绘制表示占比的数据，此处以 10.2.2 小节中的数据为例，操作步骤如下：

（1）选择 B1:B11 单元格区域，然后按住 Ctrl 键，再选择 F1:F11 单元格区域，如图 10-16 所示。

G2			fx	=RANK.EQ(E2, $E$2:$E$11)			
	A	B	C	D	E	F	G	H
1	编号	客户名称	性别	合作性质	销售额	销售额占比	排名	
2	1	史妞	女	代理商	432000	15%	3	
3	2	杨惟	女	代理商	138000	5%	9	
4	3	章芋怪	男	代理商	568500	19%	1	
5	4	施芋怪	女	代理商	307500	10%	5	
6	5	吴喜	女	代理商	318000	11%	4	
7	6	陈诗夏	女	代理商	193500	7%	7	
8	7	杨英睿	男	代理商	526500	18%	2	
9	8	葛祸	女	代理商	106500	4%	10	
10	9	温亚妃	男	代理商	205500	7%	6	
11	10	敖帛	男	代理商	174000	6%	8	
12								

图 10-15　计算其他客户的销售额排名

	A	B	C	D	E	F	G
1	编号	客户名称	性别	合作性质	销售额	销售额占比	排名
2	1	史妞	女	代理商	432000	15%	3
3	2	杨惟	女	代理商	138000	5%	9
4	3	章祸	男	代理商	568500	19%	1
5	4	施芋怿	女	代理商	307500	10%	5
6	5	吴喜	女	代理商	318000	11%	4
7	6	陈诗夏	女	代理商	193500	7%	7
8	7	杨英睿	男	代理商	526500	18%	2
9	8	葛祸	女	代理商	106500	4%	10
10	9	温亚妃	男	代理商	205500	7%	6
11	10	敖帛	男	代理商	174000	6%	8

图 10-16　同时选择"客户名称"和"销售额占比"两列

（2）在当前工作表中插入一个饼图，并使用上一步选择的两个数据区域绘制饼图，如图 10-17 所示。

（3）单击饼图顶部的标题，按 Delete 键将其删除。使用类似的方法删除饼图中的图例，如图 10-18 所示。

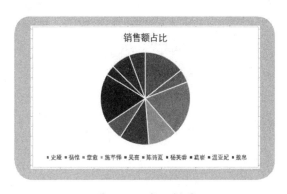

图 10-17　插入饼图

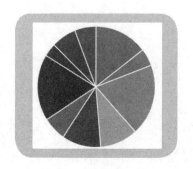

图 10-18　删除标题和图例

（4）右键单击饼图中的数据系列，在弹出的菜单中选择【添加数据标签】→【添加数据标注】命令，如图 10-19 所示。

（5）将在饼图中的每个扇形的附近显示对应的销售额占比的值，如图 10-20 所示。

图 10-19　选择【添加数据标注】命令

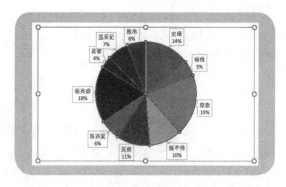

图 10-20　添加数据标注

附录 A Excel 快 捷 键

1．工作簿基本操作

快捷键	功　　能
F10	打开或关闭功能区命令的按键提示
F12	打开【另存为】对话框
Ctrl+F1	显示或隐藏功能区
Ctrl+F4	关闭选定的工作簿窗口
Ctrl+F5	恢复选定工作簿窗口的窗口大小
Ctrl+F6	切换到下一个工作簿窗口
Ctrl+F7	使用方向键移动工作簿窗口
Ctrl+F8	调整工作簿窗口大小
Ctrl+F9	最小化工作簿窗口
Ctrl+N	创建一个新的空白工作簿
Ctrl+O	打开【打开】对话框
Ctrl+S	保存工作簿
Ctrl+W	关闭选定的工作簿窗口
Ctrl+F10	最大化或还原选定的工作簿窗口

2．在工作表中移动和选择

快捷键	功　　能
Tab	在工作表中向右移动一个单元格
Enter	默认向下移动单元格，可在【Excel 选项】对话框【高级】选项卡中设置
Shift+Tab	可移到工作表中的前一个单元格
Shift+Enter	向上移动单元格
方向键	在工作表中向上、下、左、右移动单元格
Ctrl+方向键	移到数据区域的边缘

续表

快捷键	功　　能
Ctrl+空格键	可选择工作表中的整列
Shift+方向键	将单元格的选定范围扩大一个单元格
Shift+空格键	可选择工作表中的整行
Ctrl+A	选择整个工作表。如果工作表包含数据，则选择当前区域 当插入点位于公式中某个函数名称的右边将打开【函数参数】对话框
Ctrl+Shift+空格键	选择整个工作表。如果工作表中包含数据，则选择当前区域 当某个对象处于选定状态时，选择工作表上的所有对象
Ctrl+Shift+方向键	将单元格的选定范围扩展到活动单元格所在列或行中的最后一个非空单元格。如果下一个单元格为空，则将选定范围扩展到下一个非空单元格
Home	移到行首
Home	当 Scroll Lock 处于开启状态时，移到窗口左上角的单元格
End	当 Scroll Lock 处于开启状态时，移动到窗口右下角的单元格
PageUp	在工作表中上移一个屏幕
PageDown	在工作表中下移一个屏幕
Alt+PageUp	可在工作表中向左移动一个屏幕
Alt+PageDown	在工作表中向右移动一个屏幕
Ctrl+End	移动到工作表中的最后一个单元格
Ctrl+Home	移到工作表的开头
Ctrl+PageUp	可移到工作簿中的上一个工作表
Ctrl+PageDown	可移到工作簿中的下一个工作表
Ctrl+Shift+*	选择环绕活动单元格的当前区域。在数据透视表中选择整个数据透视表
Ctrl+Shift+End	将单元格选定区域扩展到工作表中所使用的右下角的最后一个单元格
Ctrl+Shift+Home	将单元格的选定范围扩展到工作表的开头
Ctrl+Shift+PageUp	可选择工作簿中的当前和上一个工作表
Ctrl+Shift+PageDown	可选择工作簿中的当前和下一个工作表

3．在工作表中编辑

快捷键	功　　能
Esc	取消单元格或编辑栏中的输入
Delete	在公式栏中删除光标右侧的一个字符

续表

快捷键	功　　能
Backspace	在公式栏中删除光标左侧的一个字符
F2	进入单元格编辑状态
F3	打开【粘贴名称】对话框
F4	重复上一个命令或操作
F5	打开【定位】对话框
F8	打开或关闭扩展模式
F9	计算所有打开的工作簿中的所有工作表
F11	创建当前范围内数据的图表
Ctrl+'	将公式从活动单元格上方的单元格复制到单元格或编辑栏中
Ctrl+;	输入当前日期
Ctrl+`	在工作表中切换显示单元格值和公式
Ctrl+0	隐藏选定的列
Ctrl+6	在隐藏对象、显示对象和显示对象占位符之间切换
Ctrl+8	显示或隐藏大纲符号
Ctrl+9	隐藏选定的行
Ctrl+C	复制选定的单元格。连续按两次【Ctrl+C】组合键将打开 Office 剪贴板
Ctrl+D	使用【向下填充】命令将选定范围内最顶层单元格的内容和格式复制到下面的单元格中
Ctrl+F	打开【查找和替换】对话框的【查找】选项卡
Ctrl+G	打开【查找和替换】对话框的【定位】选项卡
Ctrl+H	打开【查找和替换】对话框的【替换】选项卡
Ctrl+K	打开【插入超链接】对话框或为现有超链接打开【编辑超链接】对话框
Ctrl+R	使用【向右填充】命令将选定范围最左边单元格的内容和格式复制到右边的单元格中
Ctrl+T	打开【创建表】对话框
Ctrl+V	粘贴已复制的内容
Ctrl+X	剪切选定的单元格
Ctrl+Y	重复上一个命令或操作
Ctrl+Z	撤销上一个命令或删除最后键入的内容
Ctrl+F2	打开打印面板

续表

快捷键	功　　能
Ctrl+减号	打开用于删除选定单元格的【删除】对话框
Ctrl+Enter	使用当前内容填充选定的单元格区域
Alt+F8	打开【宏】对话框
Alt+F11	打开 Visual Basic 编辑器
Alt+Enter	在同一单元格中另起一个新行，即在一个单元格中换行输入
Shift+F2	添加或编辑单元格批注
Shift+F4	重复上一次查找操作
Shift+F5	打开【查找和替换】对话框的【查找】选项卡
Shift+F8	使用方向键将非邻近单元格或区域添加到单元格的选定范围中
Shift+F9	计算活动工作表
Shift+F11	插入一个新工作表
Ctrl+Alt+F9	计算所有打开的工作簿中的所有工作表
Ctrl+Shift+"	将值从活动单元格上方的单元格复制到单元格或编辑栏中
Ctrl+Shift+(	取消隐藏选定范围内所有隐藏的行
Ctrl+Shift+)	取消隐藏选定范围内所有隐藏的列
Ctrl+Shift+A	当插入点位于公式中某个函数名称的右边时，将会插入参数名称和括号
Ctrl+Shift+U	在展开和折叠编辑栏之间切换
Ctrl+Shift+加号	打开用于插入空白单元格的【插入】对话框
Ctrl+Shift+;	输入当前时间

4．在工作表中设置格式

快捷键	功　　能
Ctrl+B	应用或取消加粗格式设置
Ctrl+I	应用或取消倾斜格式设置
Ctrl+U	应用或取消下划线
Ctrl+1	打开【设置单元格格式】对话框
Ctrl+2	应用或取消加粗格式设置
Ctrl+3	应用或取消倾斜格式设置
Ctrl+4	应用或取消下划线

续表

快捷键	功 能
Ctrl+5	应用或取消删除线
Ctrl+Shift+~	应用"常规"数字格式
Ctrl+Shift+!	应用带有两位小数、千位分隔符和减号（用于负值）的"数值"格式
Ctrl+Shift+%	应用不带小数位的"百分比"格式
Ctrl+Shift+^	应用带有两位小数的"指数"格式
Ctrl+Shift+#	应用带有日、月和年的"日期"格式
Ctrl+Shift+@	应用带有小时和分钟以及 AM 或 PM 的"时间"格式
Ctrl+Shift+&	对选定单元格设置外边框
Ctrl+Shift+_	删除选定单元格的外边框
Ctrl+Shift+F	打开【设置单元格格式】对话框并切换到【字体】选项卡
Ctrl+Shift+P	打开【设置单元格格式】对话框并切换到【字体】选项卡

附录 B　Excel 内置函数

1. 逻辑函数

函数名称	功　　能
AND	判断多个条件是否同时成立
FALSE	返回逻辑值 FALSE
IF	根据条件判断而获取不同结果
IFNA	判断公式是否出现#N/A 错误
IFERROR	如果公式的计算结果错误，则返回您指定的值；否则返回公式的结果
NOT	对逻辑值求反
OR	判断多个条件中是否至少有一个条件成立
TRUE	返回逻辑值 TRUE
XOR	判断多个条件中是否有一个条件成立

2. 信息函数

函数名称	功　　能
CELL	获取有关单元格格式、位置或内容的信息
ERROR.TYPE	获取对应于错误类型的数字
INFO	获取有关当前操作环境的信息
ISBLANK	如果值为空，则返回 TRUE
ISERR	如果值为除#N/A 以外的任何错误值，则返回 TRUE
ISERROR	如果值为任何错误值，则返回 TRUE
ISEVEN	如果数字为偶数，则返回 TRUE
ISFORMULA	判断单元格包含公式则返回 TRUE
ISLOGICAL	如果值为逻辑值，则返回 TRUE
ISNA	如果值为错误值#N/A，则返回 TRUE
ISNONTEXT	如果值不是文本，则返回 TRUE

续表

函数名称	功　　能
ISNUMBER	如果值为数字，则返回 TRUE
ISODD	如果值为奇数，则返回 TRUE
ISREF	如果值为一个引用，则返回 TRUE
ISTEXT	如果值为文本，则返回 TRUE
N	获取转换为数字的值
NA	获取错误值#N/A
SHEET	返回引用工作表的工作表编号
SHEETS	返回引用所在的工作簿包含的工作表总数
TYPE	获取表示值的数据类型的数字

3．文本函数

函数名称	功　　能
ASC	将全角（双字节）字符转换为半角（单字节）字符
BAHTTEXT	将数字转换为泰语文本
CHAR	获取与数值序号对应的字符
CLEAN	删除文本中所有非打印字符
CODE	获取与字符对应的数值序号
CONCATENATE	将多个文本合并到一处
DOLLAR	将数字转换为美元文本
EXACT	比较两个文本是否相同
FIND 和 FINDB	以区分大小写的方式精确查找
FIXED	将数字按指定的小数位数取整
JIS	将半角（单字节）字符转换为全角（双字节）字符
LEFT 和 LEFTB	从文本最左侧开始提取字符
LEN 和 LENB	获取文本中的字符个数
LOWER	将文本转换为小写
MID 和 MIDB	从文本指定位置开始提取字符
NUMBERSTRING	将数值转换为大写汉字
NUMBERVALUE	以与区域设置无关的方式将文本转换为数字

续表

函数名称	功　能
PHONETIC	获取文本中的拼音（汉字注音）字符
PROPER	将文本中每个单词的首字母转换为大写
REPLACE 和 REPLACEB	以指定位置替换
REPT	生成重复的字符
RIGHT 和 RIGHTB	从文本最右侧开始提取字符
SEARCH 和 SEARCHB	以不区分大小写的方式进行查找
SUBSTITUTE	以指定文本替换
T	将参数转换为文本
TEXT	多样化格式设置函数
TRIM	删除文本中的空格
UNICHAR	返回给定数值引用的 Unicode 字符
UNICODE	返回对应于文本的第一个字符的数字（代码点）
UPPER	将文本转换为大写
VALUE	将文本转换为数字
WIDECHAR	将半角字符转换为全角字符

4．数学和三角函数

函数名称	功　能
ABS	计算数字的绝对值
ACOS	计算数字的反余弦值
ACOSH	计算数字的反双曲余弦值
ACOT	计算数字的反余切值
ACOTH	计算数字的双曲反余切值
AGGREGATE	获取列表或数据库中的聚合
ARABIC	将罗马数字转换为阿拉伯数字
ASIN	计算数字的反正弦值
ASINH	计算数字的反双曲正弦值
ATAN	计算数字的反正切值
ATAN2	计算给定坐标的反正切值

续表

函数名称	功 能
ATANH	计算数字的反双曲正切值
BASE	将一个数转换为具有给定基数的文本表示
CEILING	以远离 0 的指定倍数舍入
CEILING.MATH	以绝对值或算数值增大的方向按指定倍数舍入
CEILING.PRECISE	将数字向上舍入为最接近的整数或最接近的指定基数的倍数。无论该数字的符号如何，该数字都向上舍入
COMBIN	计算给定数目对象的组合数
COMBINA	计算给定数目对象具有重复项的组合数
COS	计算数字的余弦值
COSH	计算数字的双曲余弦值
COT	计算数字的双曲余弦值
COTH	计算给定角度的余弦值
CSC	计算给定角度的余割值
CSCH	计算给定角度的双曲余割值
DECIMAL	将给定基数内的数的文本表示转换为十进制数
DEGREES	将弧度转换为角度
EVEN	沿绝对值增大的方向舍入到最接近的偶数
EXP	计算 e 的 n 次方
FACT	计算数字的阶乘
FACTDOUBLE	计算数字的双倍阶乘
FLOOR	以接近 0 的指定倍数舍入
FLOOR.MATH	以绝对值或算数值减小的方向按指定倍数舍入
FLOOR.PRECISE	将数字向下舍入为最接近的整数或最接近的指定基数的倍数。无论该数字的符号如何，该数字都向下舍入
GCD	计算最大公约数
INT	计算永远小于原数字的最接近的整数
LCM	计算最小公倍数
LN	计算自然对数
LOG	计算以指定底为底的对数
LOG10	计算以 10 为底的对数
MDETERM	计算数组的矩阵行列式的值

函数名称	功　　能
MINVERSE	计算数组的逆矩阵
MMULT	计算两个数组的矩阵乘积
MUNIT	返回单位矩阵或指定维度
MOD	求商的余数
MROUND	计算一个舍入到所需倍数的数字
MULTINOMIAL	计算一组数字的多项式
ODD	沿绝对值增大的方向舍入到最接近的奇数
PI	获取 pi 的值
POWER	计算数字的乘幂
PRODUCT	计算数字的乘积
QUOTIENT	获取商的整数部分
RADIANS	将度转换为弧度
RAND	获取 0 和 1 之间的一个随机数
RANDBETWEEN	获取介于两个指定数字之间的一个随机数
ROMAN	将阿拉伯数字转换为文本格式的罗马数字
ROUND	将数字按指定位数舍入
ROUNDDOWN	舍入到接近 0 的数字
ROUNDUP	舍入到远离 0 的数字
SEC	计算给定角度的正割值
SECH	计算给定角度的双曲正割值
SERIESSUM	计算基于公式的幂级数的和
SIGN	获取数字的符号
SIN	计算给定角度的正弦值
SINH	计算数字的双曲正弦值
SQRT	计算正平方根
SQRTPI	计算某数与 pi 的乘积的平方根
SUBTOTAL	获取指定区域的分类汇总结果
SUM	对指定单元格求和
SUMIF	按给定条件对指定单元格求和
SUMIFS	按给定的多个条件对指定单元格求和

续表

函数名称	功　　能
SUMPRODUCT	计算对应数组元素的乘积和
SUMSQ	计算参数的平方和
SUMX2MY2	计算两个数组中对应值平方差之和
SUMX2PY2	计算两个数组中对应值平方和之和
SUMXMY2	计算两个数组中对应值差的平方和
TAN	计算数字的正切值
TANH	计算数字的双曲正切值
TRUNC	获取数字的整数部分

5．统计函数

函数名称	功　　能
AVEDEV	计算数据点与其平均值的绝对偏差的平均值
AVERAGE	计算参数的平均值
AVERAGEA	计算参数的平均值，包括数字、文本和逻辑值
AVERAGEIF	计算满足给定条件的所有单元格的平均值
AVERAGEIFS	计算满足多个给定条件的所有单元格的平均值
BETA.DIST	获取 Beta 累积分布函数
BETA.INV	获取指定 Beta 分布的累积分布函数的反函数
BINOM.DIST	计算一元二项式分布的概率值
BINOM.DIST.RANGE	返回二项式分布试验结果的概率
BINOM.INV	计算使累积二项式分布小于或等于临界值的最小值
CHISQ.DIST	获取累积 Beta 概率密度函数
CHISQ.DIST.RT	获取 $\chi 2$ 分布的单尾概率
CHISQ.INV	获取累积 Beta 概率密度函数
CHISQ.INV.RT	获取 $\gamma 2$ 分布的单尾概率的反函数
CHISQ.TEST	获取独立性检验值
CONFIDENCE.NORM	获取总体平均值的置信区间
CONFIDENCE.T	获取总体平均值的置信区间（使用学生的 t 分布）
CORREL	获取两个数据集之间的相关系数
COUNT	计算参数列表中数字的个数

续表

函数名称	功　　能
COUNTA	计算参数列表中值的个数
COUNTBLANK	计算空白单元格的数量
COUNTIF	计算满足给定条件的单元格的数量
COUNTIFS	计算满足多个给定条件的单元格的数量
COVARIANCE.P	计算协方差，即成对偏差乘积的平均值
COVARIANCE.S	计算样本协方差，即两个数据集中每对数据点的偏差乘积的平均值
DEVSQ	计算偏差的平方和
EXPON.DIST	获取指数分布
F.DIST	获取 F 概率分布
F.DIST.RT	获取 F 概率分布
F.INV	获取 F 概率分布的反函数值
F.INV.RT	获取 F 概率分布的反函数值
FISHER	获取 Fisher 变换值
FISHERINV	获取 Fisher 变换的反函数值
FORECAST	获取沿线性趋势的值
FREQUENCY	以垂直数组的形式获取频率分布
F.TEST	获取 F 检验的结果
GAMMA	返回伽玛函数值
GAMMA.DIST	获取 γ 分布
GAMMA.INV	获取 γ 累积分布函数的反函数
GAMMALN	获取 γ 函数的自然对数
GAMMALN.PRECISE	获取 γ 函数的自然对数
GAUSS	返回小于标准正态累积分布 0.5 的值
GEOMEAN	计算几何平均值
GROWTH	计算沿指数趋势的值
HARMEAN	计算调和平均值
HYPGEOM.DIST	获取超几何分布
INTERCEPT	获取线性回归线的截距
KURT	获取数据集的峰值
LARGE	获取数据集中第 k 个最大值

函数名称	功　　能
LINEST	获取线性趋势的参数
LOGEST	获取指数趋势的参数
LOGNORM.INV	获取对数累积分布的反函数
LOGNORM.DIST	获取对数累积分布函数
MAX	获取参数列表中的最大值，忽略文本和逻辑值
MAXA	获取参数列表中的最大值，包括文本和逻辑值
MEDIAN	获取给定数值集合的中值
MIN	获取参数列表中的最小值，忽略文本和逻辑值
MINA	获取参数列表中的最小值，包括文本和逻辑值
MODE.NULT	获取一组数据或数据区域中出现频率最高或重复出现的数值的垂直数组
MODE.SNGL	获取数据集内出现次数最多的值
NEGBINOM.DIST	获取负二项式分布
NORM.DIST	获取正态累积分布
NORM.INV	获取标准正态累积分布的反函数
NORM.S.DIST	获取标准正态累积分布
NORM.S.INV	获取标准正态累积分布函数的反函数
PEARSON	获取 Pearson 乘积矩相关系数
PERCENTILE.EXC	获取区域中数值的第 k 个百分点的值，k 取值在 0 和 1 之间，但不包含 0 和 1）
PERCENTILE.INC	获取区域中数值的第 k 个百分点的值
PERCENTRANK.EXC	获取数据集中值的百分比排位，此处的百分点值的范围在 0 和 1 之间，但不包含 0 和 1
PERCENTRANK.INC	获取数据集中值的百分比排位
PERMUT	获取给定数目对象的排列数
PERMUTATIONA	返回可从总计对象中选择的给定数目对象（含重复）的排列数
PHI	返回标准正态分布的密度函数值
POISSON.DIST	获取泊松分布
PROB	获取区域中的数值落在指定区间内的概率
QUARTILE.EXC	获取数据集的四分位数，此处的百分点值的范围在 0 和 1 之间，但不包含 0 和 1
QUARTILE.INC	获取数据集的四分位数

续表

函数名称	功　　能
RANK.AVG	获取一个数字在数字列表中的排位
RANK.EQ	获取一个数字在数字列表中的排位
RSQ	获取 Pearson 乘积矩相关系数的平方
SKEW	获取分布的不对称度
SKEW.P	返回用于体现某一分布相对其平均值的不对称度
SLOPE	获取线性回归线的斜率
SMALL	获取数据集中的第 K 个最小值
STANDARDIZE	获取正态化数值
STDEVA	估算基于样本的标准偏差，包括文本和逻辑值
STDEVPA	估算基于整个样本总体的标准偏差，包括文本和逻辑值
STDEV.P	估算基于整个样本总体的标准偏差，忽略文本和逻辑值
STDEV.S	估算基于样本的标准偏差，忽略文本和逻辑值
STEYX	获取通过线性回归法预测每个 x 值时所产生的标准误差
T.DIST	获取学生的 t 分布的百分点
T.DIST.2T	获取学生的 t 分布的百分点
T.DIST.RT	获取学生的 t 分布
T.INV	获取作为概率和自由度函数的学生 t 分布的 t 值
T.INV.2T	获取学生的 t 分布的反函数
TREND	获取沿线性趋势的值
TRIMMEAN	获取数据集的内部平均值
T.TEST	获取与学生的 t 检验相关的概率
VARA	计算基于给定样本的方差，包括文本和逻辑值
VARPA	计算基于整个样本总体的方差，包括文本和逻辑值
VAR.P	计算基于整个样本总体的方差，忽略文本和逻辑值
VAR.S	计算基于给定样本的方差，忽略文本和逻辑值
WEIBULL.DIST	获取韦伯分布
Z.TEST	获取 z 检验的单尾概率值

6. 查找和引用函数

函数名称	功　　能
ADDRESS	获取与给定的行号和列号对应的单元格地址
AREAS	获取引用中包含的区域数量
CHOOSE	根据给定序号从列表中选择对应的内容
COLUMN	获取单元格或单元格区域首列的列号
COLUMNS	获取数据区域的列数
FORMULATEXT	返回给定引用公式的文本形式
GETPIVOTDATA	获取数据透视表中的数据
HLOOKUP	在数据区域的行中查找数据
HYPERLINK	为指定内容创建超链接
INDEX	获取指定位置中的内容
INDIRECT	获取由文本值指定的引用
LOOKUP	仅在单行单列中查找
MATCH	获取指定内容所在的位置
OFFSET	根据给定的偏移量获取新的引用区域
ROW	获取单元格或单元格区域首行的行号
ROWS	获取数据区域的行数
RTD	获取支持 COM 自动化程序的实时数据
TRANSPOSE	转置数据区域的行列位置
VLOOKUP	在数据区域的列中查找数据

7. 日期和时间函数

函数名称	功　　能
DATE	获取指定日期的数值序号
DATEDIF	计算开始和结束日期之间的时间间隔
DATEVALUE	将常规的日期形式转换为数值序号
DAY	获取日期中具体的某一天
DAYS	计算两个日期之间的天数
DAYS360	以一年 360 天为基准计算两个日期间的天数
EDATE	计算从起始日前几个月或后几个月的日期的数值序号

续表

函数名称	功　　能
EOMONTH	计算从起始日期前几个月或后几个月的月份最后一天的数值序号
HOUR	获取小时数
ISOWEEKNUM	返回日期在全年中的 ISO 周数
MINUTE	获取分钟数
MONTH	获取月份
NETWORKDAYS	计算两个日期间的所有工作日天数
NETWORKDAYS.INTL	计算两个日期间的所有工作日天数（使用参数指明周末有几天并指明是哪几天）
NOW	获取当前日期和时间
SECOND	获取秒数
TIME	将指定内容显示为一个时间
TIMEVALUE	将文本格式的时间转换为数值序号
TODAY	获取当前日期
WEEKDAY	获取当前日期是星期几
WEEKNUM	获取某个日期位于一年中的第几周
WORKDAY	计算与指定日期相隔数个工作日的日期
WORKDAY.INTL	计算与指定日期相隔数个工作日的日期（使用参数指明周末有几天并指明是哪几天）
YEAR	获取年份
YEARFRAC	计算从起始日期到终止日期所经历的天数占全年天数的百分比

8．财务函数

函数名称	功　　能
ACCRINT	计算定期支付利息的有价证券的应计利息
ACCRINTM	计算在到期日支付利息的有价证券的应计利息
AMORDEGRC	计算每个结算期间的折旧值（折旧系数取决于资产的寿命）
AMORLINC	计算每个结算期间的折旧值
COUPDAYBS	计算当前付息期内截止到结算日的天数
COUPDAYS	计算结算日所在的付息期的天数
COUPDAYSNC	计算从结算日到下一付息日之间的天数

续表

函数名称	功能
COUPNCD	计算成交日之后的下一个付息日
COUPNUM	计算成交日和到期日之间的应付利息次数
COUPPCD	计算成交日之前的上一付息日
CUMIPMT	计算两个付款期之间累积支付的利息
CUMPRINC	计算两个付款期之间为贷款累积支付的本金
DB	使用固定余额递减法，计算一笔资产在给定期间内的折旧值
DDB	使用双倍余额递减法或其他方法，计算一笔资产在给定期间内的折旧值
DISC	计算有价证券的贴现率
DOLLARDE	将以分数表示的美元价格转换为以小数表示的美元价格
DOLLARFR	将以小数表示的美元价格转换为以分数表示的美元价格
DURATION	计算定期支付利息的有价证券的年度期限
EFFECT	计算有效年利率
FV	计算一笔投资的未来值
FVSCHEDULE	应用一系列复利率计算初始本金的未来值
INTRATE	计算一次性付息证券的利率
IPMT	计算一笔投资在给定期间内支付的利息
IRR	计算一系列现金流的内部收益率
ISPMT	计算特定投资期内要支付的利息
MDURATION	计算假设面值为¥100的有价证券的Macauley修正期限
MIRR	计算正负现金流在不同利率下支付的内部收益率
NOMINAL	计算名义年利率
NPER	计算投资的期数
NPV	基于一系列定期的现金流和贴现率计算投资的净现值
ODDFPRICE	计算首期付息日不固定的面值¥100的有价证券价格
ODDFYIELD	计算首期付息日不固定的有价证券的收益率
ODDLPRICE	计算末期付息日不固定的面值¥100的有价证券的价格
ODDLYIELD	计算末期付息日不固定的有价证券的收益率
PDURATION	计算投资到达指定值所需的期数
PMT	计算年金的定期支付金额

续表

函数名称	功　　能
PPMT	计算一笔投资在给定期间内偿还的本金
PRICE	计算定期付息的面值￥100 的有价证券的价格
PRICEDISC	计算折价发行的面值￥100 的有价证券的价格
PRICEMAT	计算到期付息的面值￥100 的有价证券的价格
PV	计算投资的现值
RATE	计算年金的各期利率
RECEIVED	计算一次性付息的有价证券到期收回的金额
RRI	计算某项投资增长的等效利率
SLN	计算某项资产在一个期间中的线性折旧值
SYD	计算某项资产按年限总和折旧法计算的指定期间的折旧值
TBILLEQ	计算国库券的等价债券收益
TBILLPRICE	计算面值￥100 的国库券的价格
TBILLYIELD	计算国库券的收益率
VDB	使用余额递减法,计算一笔资产在给定期间或部分期间内的折旧值
XIRR	计算一组未必定期发生的现金流的内部收益率
XNPV	计算一组未必定期发生的现金流的净现值
YIELD	计算定期支付利息的有价证券的收益率
YIELDDISC	计算折价发行的有价证券的年收益率
YIELDMAT	计算到期付息的有价证券的年收益率

9．工程函数

函数名称	功　　能
BESSELI	获取修正的贝赛耳函数 In(x)
BESSELJ	获取贝赛耳函数 Jn(x)
BESSELK	获取修正的贝赛耳函数 Kn(x)
BESSELY	获取贝赛耳函数 Yn(x)
BIN2DEC	将二进制数转换为十进制数
BIN2HEX	将二进制数转换为十六进制数
BIN2OCT	将二进制数转换为八进制数
BITAND	返回两个数的按位"与"

续表

函数名称	功　　能
BITLSHIFT	返回左移 shift_amount 位的计算值接收数
BITOR	返回两个数的按位"或"
BITRSHIFT	返回右移 shift_amount 位的计算值接收数
BITXOR	返回两个数的按位"异或
COMPLEX	将实系数和虚系数转换为复数
CONVERT	将数字从一种度量系统转换为另一种度量系统
DEC2BIN	将十进制数转换为二进制数
DEC2HEX	将十进制数转换为十六进制数
DEC2OCT	将十进制数转换为八进制数
DELTA	测试两个值是否相等
ERF	获取误差函数
ERF.PRECISE	获取误差函数
ERFC	获取余误差函数
ERFC.PRECISE	获取从 x 到无穷大积分的互补 ERF 函数
GESTEP	测试某值是否大于阈值
HEX2BIN	将十六进制数转换为二进制数
HEX2DEC	将十六进制数转换为十进制数
HEX2OCT	将十六进制数转换为八进制数
IMABS	计算复数的绝对值（模数）
IMAGINARY	获取复数的虚系数
IMARGUMENT	获取一个以弧度表示的角度的参数 theta
IMCONJUGATE	获取复数的共轭复数
IMCOS	计算复数的余弦
IMCOSH	计算复数的双曲余弦值
IMCOT	计算复数的余弦值
IMCSC	计算复数的余割值
IMCSCH	计算复数的双曲余割值
IMDIV	计算两个复数的商
IMEXP	计算复数的指数
IMLN	计算复数的自然对数

续表

函数名称	功　能
IMLOG10	计算复数的以 10 为底的对数
IMLOG2	计算复数的以 2 为底的对数
IMPOWER	计算复数的整数幂
IMPRODUCT	计算复数的乘积
IMREAL	获取复数的实系数
IMSEC	计算复数的正割值
IMSECH	计算复数的双曲正切值
IMSIN	计算复数的正弦
IMSINH	计算复数的双曲正弦值
IMSQRT	计算复数的平方根
IMSUB	计算两个复数的差
IMSUM	计算多个复数的和
IMTAN	计算复数的正切值
OCT2BIN	将八进制数转换为二进制数
OCT2DEC	将八进制数转换为十进制数
OCT2HEX	将八进制数转换为十六进制数

10．数据库函数

函数名称	功　能
DAVERAGE	计算满足条件的数值的平均值
DCOUNT	计算满足条件的包含数字的单元格个数
DCOUNTA	计算满足条件的非空单元格个数
DGET	获取符合条件的单个值
DMAX	获取满足条件的列表中的最大值
DMIN	获取满足条件的列表中的最小值
DPRODUCT	计算满足条件的数值的乘积
DSTDEV	获取满足条件的数字作为一个样本估算出的样本总体标准偏差
DSTDEVP	获取满足条件的数字作为样本总体计算出的总体标准偏差
DSUM	计算满足条件的数字的和
DVAR	获取满足条件的数字作为一个样本估算出的样本总体方差
DVARP	获取满足条件的数字作为样本总体计算出的样本总体方差

11．多维数据集函数

函数名称	功　　能
CUBEKPIMEMBER	获取关键性能指标属性并显示名称
CUBEMEMBER	获取多维数据集中的成员或元组
CUBEMEMBERPROPERTY	获取多维数据集中成员属性的值
CUBERANKEDMEMBER	获取集合中的第 n 个成员或排名成员
CUBESET	定义成员或元组的计算集
CUBESETCOUNT	获取集合中的项目数
CUBEVALUE	获取多维数据集中的汇总值

12．Web 函数

函数名称	功　　能
ENCODEURL	将文本转换为 URL 编码
WEBSERVICE	从 Web 服务中获取网络数据
FILTERXML	在 XML 结构化内容中获取指定路径下的信息

13．加载宏和自动化函数

函数名称	功　　能
CALL	调用动态链接库或代码源中的程序
EUROCONVERT	欧洲货币间的换算
REGISTER.ID	获取已注册的指定动态链接库或代码源的注册号
SQL.REQUEST	以数组的形式返回外部数据源的查询结果

14．兼容性函数

函数名称	功　　能
BETADIST	获取 Beta 累积分布函数
BETAINV	获取指定 Beta 分布的累积分布函数的反函数
BINOMDIST	计算一元二项式分布的概率值
CHIDIST	获取 $\chi 2$ 分布的单尾概率

续表

函数名称	功　能
CHIINV	获取 γ2 分布的单尾概率的反函数
CHITEST	获取独立性检验值
CONFIDENCE	获取总体平均值的置信区间
COVAR	计算协方差，即成对偏差乘积的平均值
CRITBINOM	计算使累积二项式分布小于或等于临界值的最小值
EXPONDIST	获取指数分布
FDIST	获取 F 概率分布
FINV	获取 F 概率分布的反函数值
FTEST	获取 F 检验的结果
GAMMADIST	获取 γ 分布
GAMMAINV	获取 γ 累积分布函数的反函数
HYPGEOMDIST	获取超几何分布
LOGINV	获取对数分布函数的反函数
LOGNORMDIST	获取对数累积分布函数
MODE	获取在数据集中出现次数最多的值
NEGBINOMDIST	获取负二项式分布
NORMDIST	获取正态累积分布
NORMINV	获取标准正态累积分布的反函数
NORMSDIST	获取标准正态累积分布
NORMSINV	获取标准正态累积分布函数的反函数
PERCENTILE	获取区域中数值的第 K 个百分点的值
PERCENTRANK	获取数据集中值的百分比排位
POISSON	获取泊松分布
QUARTILE	获取数据集的四分位数
RANK	获取一个数字在数字列表中的排位
STDEV	估算基于样本的标准偏差，忽略文本和逻辑值
STDEVP	估算基于整个样本总体的标准偏差，忽略文本和逻辑值
TDIST	获取学生的 t 分布

续表

函数名称	功　　能
TINV	获取学生的 t 分布的反函数
TTEST	获取与学生的 t 检验相关的概率
VAR	计算基于给定样本的方差，忽略文本和逻辑值
VARP	计算基于整个样本总体的方差，忽略文本和逻辑值
WEIBULL	获取韦伯分布
ZTEST	获取 z 检验的单尾概率值